DK101个
科学实验

DK101个
科学实验

[英] 尼尔·阿德利　著

戴子珺　译

科学普及出版社
·北　京·

Original Title: 101 Great Science Experiments
Copyright © Dorling Kindersley Limited, 1993, 2015
A Penguin Random House Company

本书中文版由Dorling Kindersley Limited授权科学普及出版社出版，未经出版社许可不得以任何方式抄袭、复制或节录任何部分。

著作权合同登记号：01-2020-3719

图书在版编目(CIP)数据

DK101个科学实验 ／ (英)尼尔·阿德利著；戴子珺译. — 北京：科学普及出版社，2020.10 (2024.6重印)
书名原文：101 Great Science Experiments
ISBN 978-7-110-10124-7

Ⅰ. ①D… Ⅱ. ①尼… ②戴… Ⅲ. ①科学实验—儿童读物 Ⅳ. ①N33-49

中国版本图书馆CIP数据核字(2020)第121285号

策划编辑　邓　文
责任编辑　白李娜
封面设计　朱　颖
图书装帧　金彩恒通
责任校对　吕传新
责任印制　徐　飞

科学普及出版社出版
北京市海淀区中关村南大街16号　邮政编码：100081
电话：010-62173865　传真：010-62173081
http://www.cspbooks.com.cn
中国科学技术出版社有限公司销售中心发行
佛山市南海兴发印务实业有限公司印刷
*
开本：889毫米×1194毫米　1/16　印张：7.5　字数：265千字
2020年10月第1版　2024年6月第4次印刷
ISBN 978-7-110-10124-7/N·253
印数：20001—25000 册　定价：88.00元

一位严谨的小科学家，首先要做到安全第一：

仔细地遵守每一个实验步骤；

在手持玻璃、刀具、火柴、蜡烛、电池以及高温或沉重的物体时，需要特别地小心谨慎；

不要尝试去闻实验物品，不要把实验物品放进耳朵或嘴里，也不要在书中没有要求的情况下让眼睛靠近实验物品；

不要独自摆弄电源开关、插头、插座以及电动的机器；

一定要把实验过后的物品清理干净。

这个符号意味着需要在成年人的帮助下完成这一实验步骤。

目录

空气和气体

水和液体

冷与热

光

空气和气体

空气围绕着你，但你却很难发觉它的存在。你只能在大风中去感受看不到的空气，但你我却时时刻刻在呼吸着它。有了空气你才能生存，动植物也是如此。燃料需要空气才能燃烧，很多机器也才能运转。飞机想要飞翔，也必须利用空气才行。空气是由各种各样的"气体"所构成的——就是那些可以变换形状，可以伸展或者可以变得更大的物质，它可以填满各种空间，变成各种样子。

空气的支撑力

气筒将越来越多的空气打进自行车的内胎里，里边的空气会向外将胎壁顶得越来越坚硬，而这样的力量能够支撑起自行车和骑车人的总重量。

飘浮的气球

这些气球里边充满了一种叫作氦气的气体。氦气轻于空气，所以会向上飘浮，也会带着气球一起飘到天上。

氮气

氧气

二氧化碳和
其他气体

氩气

重物缓降

当跳伞者打开降落伞下降时，空气会把它向上抬起，所以跳伞者才会缓慢又安全地降落到地面。空气主要由氮气和氧气两种气体所构成，其余则是一些少量的其他气体。

深呼气

吸气时，空气会进入你的肺部。先深吸一口气，然后将它们顺着管子吹进一个在水中倒置的装满水的瓶子中，从肺里吹出来的空气会把瓶子中的水挤压出来，而这样你就能够知道自己的肺中究竟容纳了多少空气。

1 空气压力

不必触碰就能压扁塑料瓶! 让空气来帮助你做到这一切。你无法感知空气, 但它却在时时刻刻地在所有物体的表面施压。这被称作"气压"。

你需要准备

| 冰块 | 漏斗 | 热水和冷水 | 软的塑料瓶 | 玻璃盆 |

1. 将瓶子正立在盆中, 倒入热水, 等待一会儿。

2. 拧上瓶盖, 将瓶子在盆中放倒, 把冰块和冰水淋在上面, 然后再立起瓶子。

3. 瓶内的热空气冷却, 产生的压力变小。这时外面的空气压力更强, 能将塑料瓶压扁。

2 空气密封

我们可以将一张卡片粘在玻璃杯口来阻止水从倒置的玻璃杯中落下, 就像魔法一般! 气压向上将卡片顶在玻璃杯口, 这种压力强到能够阻止卡片被水冲开。

你需要准备

| 平的薄卡片 | 玻璃杯 | 水 |

杯口不能有破损

1. 在水槽或者洗漱盆的上方放置玻璃杯, 将水小心地倒进玻璃杯中。

2. 将卡片放在玻璃杯上, 向下按住卡片让它能够覆盖整个杯口。

3. 按住卡片, 将玻璃杯上下颠倒。松开按卡片的手后, 水还在玻璃杯中!

③ 称重空气

人们在形容一个非常轻的东西时，总会说："它轻得像空气一样。"不过实际上空气却并不那么轻。用这个简单的实验来证明，空气实际上是相当重的。

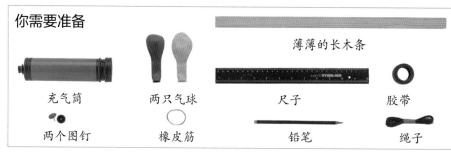

你需要准备

充气筒　　两只气球　　薄薄的长木条　　尺子　　胶带

两个图钉　　橡皮筋　　铅笔　　绳子

1. 用直尺找到木条的中心点，作出标记。

2. 🚶 在标记着中心点的两侧按下图钉。

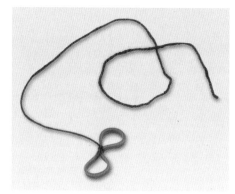

3. 将绳子系在橡皮筋的中间。

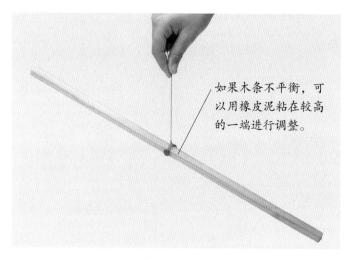

如果木条不平衡，可以用橡皮泥粘在较高的一端进行调整。

4. 将橡皮筋绕在图钉的位置，用绳子拎起木条，进行调整直到平衡。

固定住气球的颈部。

5. 用胶带将其中一个气球固定在木条的一端。

如果木条不能保持平衡就去任选一个气球来调整一下它固定的位置。

6. 用胶带将第二个气球固定在木条的另一端，确认还能继续保持平衡后，取下一个气球并吹起它。

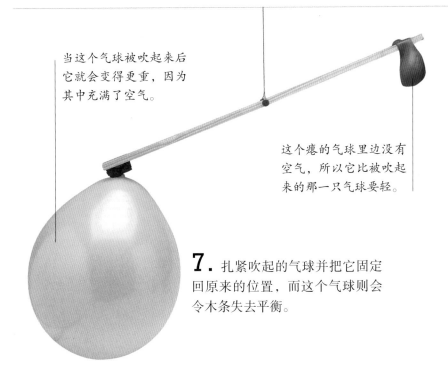

当这个气球被吹起来后它就会变得更重，因为其中充满了空气。

这个瘪的气球里边没有空气，所以它比被吹起来的那一只气球要轻。

7. 扎紧吹起的气球并把它固定回原来的位置，而这个气球则会令木条失去平衡。

用吸管喝水

每当你用吸管喝水时，空气的重量都在给你帮忙。水面上方的空气挤压着液体的表面，当你在吸水的时候，空气会推动液体向上，通过吸管流进你的嘴里。

④ 探索空气的构成

不用嘴吹也不必接触来熄灭一支蜡烛。这个实验可以证明空气是由各种看不到的气体混合而成的。其中的一种气体特别的重要，那就是氧气，对于物质的燃烧和能源的产出来说它必不可少。

你需要准备

蜡烛　　有颜色的水　　烛台　　玻璃罐　　玻璃碗

1. 把蜡烛固定在烛台上再放进玻璃碗中，然后将水倒入。

2. 请一位成年人帮忙点燃蜡烛，然后将玻璃罐扣在蜡烛上方，等一小会儿。

上升的水位替换了被燃烧的氧气，而玻璃罐中剩余的气体则主要是氮气。

火焰燃尽了玻璃罐中的氧气。

空气与能源

与其他的汽车一样，这辆方程式赛车从引擎中燃烧的汽油那里获得能源。实际上，我们用来取暖和驱动机器的大部分能量都是通过燃料的燃烧来获得的，这个过程需要利用氧气，而氧气则来自围绕着我们的空气。

3. 最开始，玻璃罐中的水位会上升，之后蜡烛的火焰就会突然熄灭。

5 气体显形

不用嘴也不用气筒就能为气球充气！你可以通过制造气体来灌入气球为它充气。这种气体叫作二氧化碳，就是在苏打水和汽水中制造泡泡的气体。

你需要准备

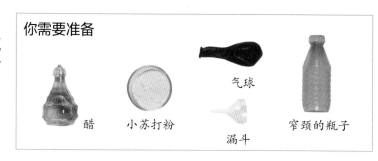

醋　小苏打粉　气球　漏斗　窄颈的瓶子

1. 在瓶子中倒进四分之一的醋。

2. 使用漏斗将小苏打粉倒满气球。

3. 撑开气球的吹气口并套在瓶口上。

不要让小苏打粉撒出来。

喷涌而出

摇晃一瓶汽水，然后打开瓶盖，汽水就会从瓶中喷涌而出！二氧化碳气体融合在饮料的水中，在瓶内的压强下保持稳定。当你打开瓶盖的时候就减少了内部的压力，气泡就会从水中释放出来。

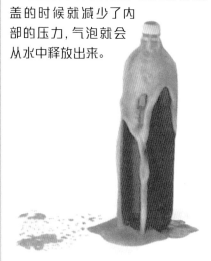

4. 抬起气球让小苏打粉落进瓶中，醋就会开始起泡，而气球也会开始缓慢地被充入气体。

气体形成的越多，气压就会越大，气球也就会膨胀得越大。

醋与小苏打粉产生反应会释放二氧化碳气泡。

6 火山喷发

建造一个火山模型，然后让它爆发！你可以让"深红色的炙热熔岩"从火山两侧流淌而下。虽然熔岩并不是真的，但你的火山模型喷发起来就像是真的一样。

你需要准备

醋　　小塑料瓶　　小苏打粉

大盘子或大托盘　　漏斗　　红色的食用色素　　沙子和碎石

1. 将红色的食用色素加在醋中，这会让你的"岩浆"变成红色，就像是火山中真正炙热的红色岩浆一样。

2. 用漏斗将小苏打粉倒进瓶中，倒满一半。然后瓶口向上立在托盘的中间。

3. 叠起碎石，再将沙子堆在瓶子的周围做出火山的样子。将红色的醋迅速地倒进瓶中，然后就等着观察火山爆发吧！

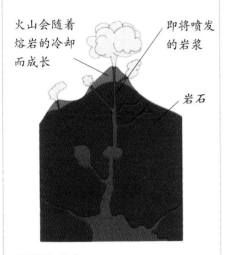

火山会随着熔岩的冷却而成长

即将喷发的岩浆

岩石

喷发的火山

一条长长的通道从火山山顶连接到地下深处的岩浆室。岩浆室中有熔化的岩石和非常灼热的气体。地底的气体压力有时会向上挤压，令液体岩石顺着通道喷发出地表。炙热的红色液体岩石被称为"岩浆"，它们会从火山喷发出来并顺着山坡流淌。熔岩会在山坡上冷却并变回固体堆积起来，因此火山的高度也会不断地增加。

瓶中的二氧化碳气体会形成许多泡泡，并将红色的醋从瓶中挤压出来。

11

7 制作飞翼

鸟儿通过扇动翅膀周围的空气来飞翔，飞机通过推动机翼周围的空气来飞行。让我们制作一个机翼模型并使之起飞，来展示空气是如何在飞翔的过程中发生作用的。

你需要准备

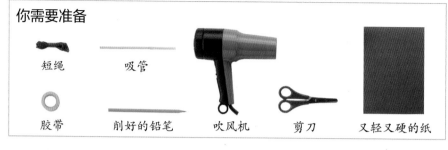

短绳　　吸管

胶带　　削好的铅笔　　吹风机　　剪刀　　又轻又硬的纸

1. 把纸对折，一边较长一边较短。

2. 把纸反折过来，用胶带固定住边缘，要做得像一只翅膀一样。

3. 用铅笔贯穿翅膀的上下，扎出两个洞。

4. 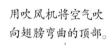 剪下一小段吸管，长短足够穿过两个洞。

5. 将剪下的吸管穿过两个洞，再用胶带将它牢牢地固定在"翅膀"上。

6. 用短绳穿过吸管并将绳的两端垂直地系在固定的位置上。

用吹风机将空气吹向翅膀弯曲的顶部。

7. 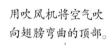 把风吹向翅膀，它就会顺着绳子上升，这棒极了！

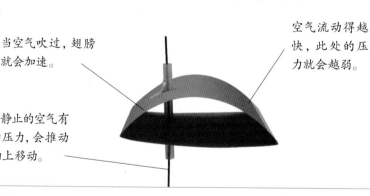

当空气吹过，翅膀就会加速。

空气流动得越快，此处的压力就会越弱。

翅膀下方静止的空气有着更强的压力，会推动着翅膀向上移动。

吹开它们？

将两条棉线分别粘在两个乒乓球上，然后再分别把它们悬在相距15厘米的两点之上。试着吹动两个乒乓球之间的空气，你会发现被吹动的空气把它们拉到了一起，而不是将它们分开。随着空气的流动，气压会减弱，造成乒乓球两侧气压不相等，乒乓球会朝着压力更低的方向移动，所以它们会摆动到一起。

8 探测湿度

尽管感受起来空气并不潮湿，但它确实含有水分。空气中的水分被称为"湿度"。而这个实验所展现的，就是空气湿度的持续变化。

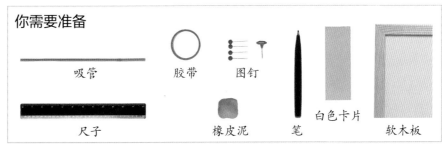

你需要准备

吸管　　　　胶带　　　图钉

尺子　　　　橡皮泥　　笔　　白色卡片　软木板

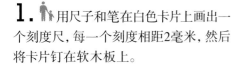

1. 🧍 用尺子和笔在白色卡片上画出一个刻度尺，每一个刻度相距2毫米，然后将卡片钉在软木板上。

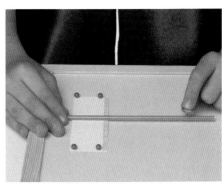

2. 🧍 用图钉穿过吸管的一端并固定在软木板上，然后将另一端指向刻度的中央。

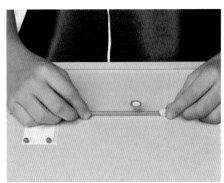

3. 将一些橡皮泥粘在吸管靠近图钉的一头上，将软木板立起来，然后对橡皮泥的数量进行调整，直到吸管达到平衡。

4. 找一个小伙伴帮忙拔下你的一根头发，要轻点儿，会疼的！

头发对水分非常敏感。

5. 将这根头发的一端用胶带固定在图钉和橡皮泥之间的吸管上，另一端则固定在软木板的框架上，然后将软木板立起来。

天气屋

这个小屋子会告诉你天气将会变得如何。如果空气潮湿，男孩就会走出来，这意味着很可能要下雨。如果空气干燥，走出来的就是女孩。当她出现的时候，就代表着后面的天气很可能是干燥的。

6. 当空气干燥时，头发会收缩并将刻度上的吸管拉高。当空气湿润时，头发会变松并让刻度上的吸管下降。

9 测量风向

你能感受到风，但你能说出它是从哪个方向吹来的吗？探明风向很重要，因为风向的变化会对天气产生影响。让我们来制作一个风向仪来瞧瞧风的方向吧！

你需要准备

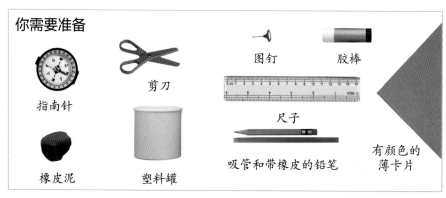

指南针
剪刀
图钉
胶棒
尺子
橡皮泥
塑料罐
吸管和带橡皮的铅笔
有颜色的薄卡片

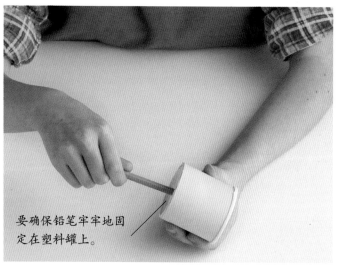

要确保铅笔牢牢地固定在塑料罐上。

1. 用铅笔在塑料罐上捅出一个洞，然后穿过去。

先用尺子和铅笔在卡片上画出三角形。

2. 在卡片上画出四个小的三角形和两个大的三角形，然后小心地用剪刀剪下它们。

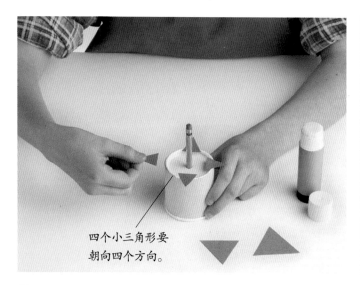

四个小三角形要朝向四个方向。

3. 把四个小三角形粘在塑料罐的底部，它们将用来指示风向。要仔细参考图中所示。

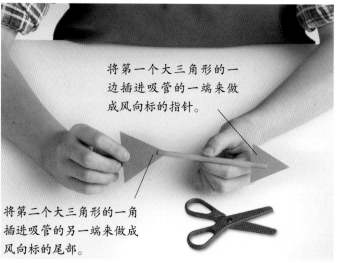

将第一个大三角形的一边插进吸管的一端来做成风向标的指针。

将第二个大三角形的一角插进吸管的另一端来做成风向标的尾部。

4. 将吸管的两端剪开，插进两个大三角形来做成一个箭头形的指针，这就是所谓的"风向标"。

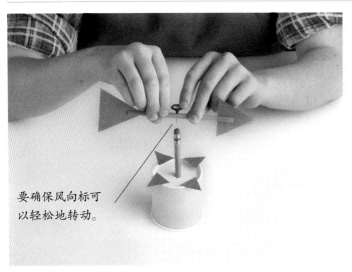

要确保风向标可以轻松地转动。

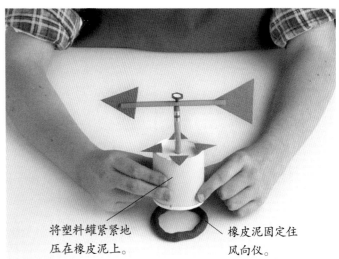

将塑料罐紧紧地压在橡皮泥上。

橡皮泥固定住风向仪。

5. 👣 小心地把图钉穿过吸管的正中央，然后插进铅笔尾部的橡皮里。

6. 做出一个用橡皮泥围成的圈，然后将塑料罐稳稳地固定在上面，这样它就不会被吹走了。此时你的风向仪已经准备完毕。

风中旋转

同风向的探测一样，测量风速也非常重要。过高的风速会带来危险，尤其是对船只和飞机来说。下面的这个装置叫作风速仪，它可以测量出风的速度。流动的空气会带动测量杯转动，并在刻度上显示出风速值。衡量风力的标准，其范围从0级（平静）到12级（飓风）。

风会让测量杯旋转。

风速值会显示在刻度表上。

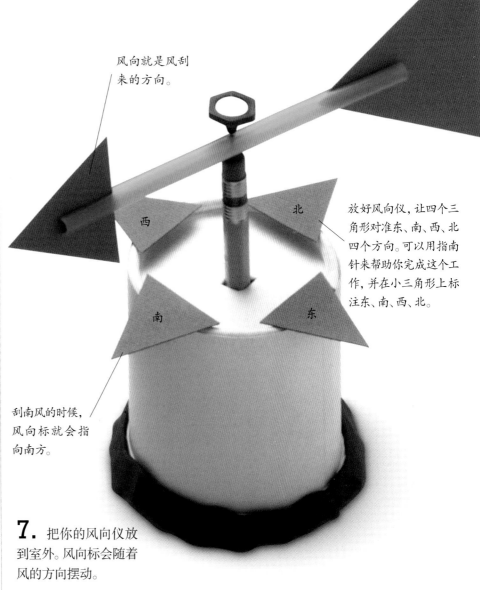

风向就是风刮来的方向。

放好风向仪，让四个三角形对准东、南、西、北四个方向。可以用指南针来帮助你完成这个工作，并在小三角形上标注东、南、西、北。

西

北

南

东

刮南风的时候，风向标就会指向南方。

7. 把你的风向仪放到室外。风向标会随着风的方向摆动。

水和液体

水非常奇妙，戏水或是游泳也非常有趣。虽然下雨时有些不方便，但雨水却是不可或缺的。雨水带来了我们的饮水，也带来了庄稼的用水。水是"液体"，这是一种易于流动的物质。世界上有很多其他种类的液体，比如炒菜时使用的食用油就是其中的一种。当液体冷却后，它们会转变成为固体，就像水冻结后会变成坚硬的冰一样。水被加热后就会变成所谓的"水蒸气"，消融在空气之中。而当水蒸气冷却时，就会变回液态的水。

用水堆砌

雪人是由固态的水来堆砌的! 无数的雪花组成了雪，而雪花则是在天空中冰冷的云层里形成的。

水与生命

人类、动物和植物都需要水才能生存。水能够帮助你的身体运转起来，所以你才能这样活泼可爱!

水的世界

这张照片展示了地球深蓝色的海洋和雪白的雨云。没有云的棕色地带是鲜有降雨的巨大沙漠。

水的力量

水可以改变地表的形状。比如海浪会冲刷海岸侵蚀岩石，雨水则会把泥沙带入河流而改变地形。

体内的水

这个女孩体内所包含的水与这些桶中的水一样多! 你身体的一半以上都是由水所构成。

10 测量雨水

由几百万颗小水滴组成的雨从云中落下，它们聚集在一起并落到了地面之上。制作一个简单的雨量计来测量"降雨量"，也就是在一定的时间内降下的雨水总量。

你需要准备

尺子和马克笔　量杯　透明的小塑料瓶　透明的大塑料瓶　剪刀

1. 用剪刀把两个塑料瓶的上部剪掉，要剪裁得尽量平整。

2. 在量杯中倒入50毫升的水，然后将这些水倒入小塑料瓶并标记出水面的高度。

3. 重复第2步的内容，几次后你就可以在小塑料瓶上得到完整的标尺。

4. 把小塑料瓶内的水倒干净，然后将其放入大塑料瓶之中。再将之前被剪掉的大塑料瓶上部倒着放在小塑料瓶上，做成一个漏斗。

每次做完记录后，要把瓶子清空并放回原处。

5. 把制作好的工具放在室外的桌子上或是围墙上来收集雨水。每天清晨记录下小塑料瓶内收集起来的雨水量，这就是每天的降雨量。

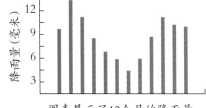

图表展示了12个月的降雨量。

6. 把每周或每个月的降雨量相加，然后制作出一个图表来展示几个星期、几个月，甚至一整年的降雨量统计。

气象站

气象学家每天都会进行细致的测量，用得到的数据来跟踪和预测天气的变化。他们记录降雨量、每天的最高温度和最低温度、风速和风向、湿度及气压。

11 雨水的考验

利用雨水进行实验，观测各种不同材料的防水能力。你很快就会发现为什么只有一部分材料能够在接触水的环境下使用。

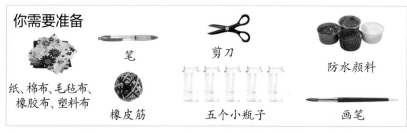

你需要准备

纸、棉布、毛毡布、橡胶布、塑料布

橡皮筋

笔

剪刀

五个小瓶子

防水颜料

画笔

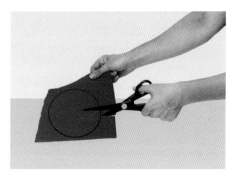

1. 🧍 在布或纸上画出一个圆，要大于瓶口，然后用剪刀剪下来。

2. 用橡皮筋把剪下来的材料像盖子一样地绑在瓶口。

3. 在小瓶子上画出一张可爱的脸；然后按照前三个步骤制作好其他的瓶子。

毛毡并不能防水，但相比棉布而言，它会阻挡更多的水进入瓶内。

棉布会让水进入，无法防水。

塑料是完全防水的，可以用来制作防水的物品。

橡胶有弹性又能够完全防水，所以会被用来制作泳帽。

纸一点儿都不能防水，它会在雨中破碎。

4. 将五个制作好的小瓶子放在雨中，两个小时之后再来观察，然后记录下你的发现。

防水层

我们可以通过覆盖防水材料（如橡胶和蜡）来让各种各样的物质都具有防水能力。有一些雨伞的伞罩是用塑料来制作的，而还有一些是在尼龙伞罩上覆盖化学防水层来制作的。

12 有趣的水压

我们来瞧瞧水压能够让水飞溅出多远！在生活中，喷泉高低不同的水柱就是在水压的作用下实现的。

1. 👤🔧 将瓶子灌满水，拧紧盖子，平放好，然后用笔在中间戳出一个小孔。

只有去掉瓶盖时水才会从小孔喷出，这是因为需要空气进入瓶内来释放压力。

2. 端起瓶子，拉一个小伙伴来"惊喜"一下吧！瓶盖一被拧开，水就会从孔里喷射出来！

13 脱掉柠檬的救生衣

浮力是水向上的推力。救生衣充满了空气，它的下沉力弱于水的浮力，所以穿上它能增加浮力并帮助你漂浮在水面上。

1. 把一个柠檬放进一杯水中，它会漂浮起来。

2. 👤🔧 削掉柠檬的皮，然后把果肉重新放进水中，而这一次柠檬则会沉入水底。

柠檬的外皮布满了能帮助其上浮的小气泡，就像是它的救生衣一样。

14 下沉又上浮

虽然轮船的重量极大，但它却可以漂浮在水面上；然而又小又轻的弹珠却会沉到水下！一个物体是否能够漂浮，重量并不是关键，关键在于它能够"排出"的水的量，或者说它能够把多少水"推到"旁边。

你需要准备

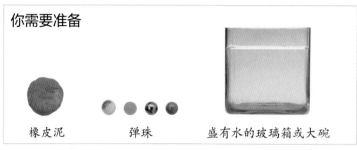

橡皮泥　　　弹珠　　　盛有水的玻璃箱或大碗

1. 先把弹珠扔进水中，它们马上就会沉到水底。然后再把橡皮泥捏成一个乒乓球大小的球，也扔进水中。

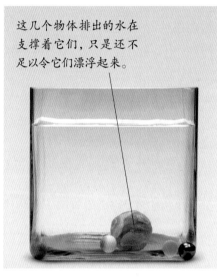

这几个物体排出的水在支撑着它们，只是还不足以令它们漂浮起来。

2. 用橡皮泥捏出的球也同样沉到了水底，因为它和弹珠一样不能够排出足够多的水。

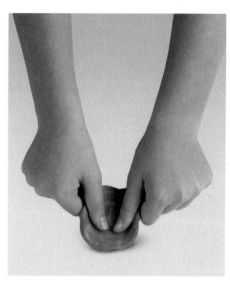

3. 捞出弹珠和橡皮泥球，然后把橡皮泥重新捏成一个小船的样子，放入水中。

更多的水被排出，而这些水也给橡皮泥做的小船提供了更多的支撑力，让其上浮。

4. 现在这个样子的橡皮泥漂浮起来了！船形的橡皮泥入水时的接触面积要大于实心球形，排出了更多的水。

额外的排水量支撑起了弹珠的重量。

5. 在橡皮泥小船里放上一些货物——弹珠。船身下降，但排出的水更多，所以小船依旧能够漂浮。

热带淡水

淡水

左　　右　　　热带

夏季

冬季

北大西洋冬季

安全线

一艘超载的船会下沉得过多并有可能沉没。船侧的载重水线标记会提示安全的载货量。

15 漂浮的秘密

一个物体排出了足够多的水就可以漂浮起来。但是排出多少的水才是足够的呢？让我们来收集被排出的水，对它们进行称重来破解这个秘密。你会发现，被排出的水总是和这个漂浮的物体重量相同。

你需要准备

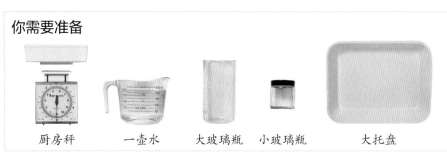

厨房秤　　　一壶水　　　大玻璃瓶　　小玻璃瓶　　　大托盘

将水灌满直到瓶口。

1. 拿掉厨房秤上面的小托盘并将刻度重置到零；将秤放进大托盘中，再把大玻璃瓶放在秤的上面；用水灌满大玻璃瓶并记录重量。

2. 把小玻璃瓶放进大玻璃瓶的水中漂浮，部分水会被排出并流进下面的大托盘中。秤显示的重量没有变化。

3. 小心地拿走装着水的大玻璃瓶和大托盘；把秤上面的小托盘放回原处并把刻度调整为零；把刚才流进大托盘的水倒入秤上的小托盘里。

像船一样漂浮

当你漂浮在水面上时，你的身体与其他漂浮的物体一样，都在排水。你所排出的水和你的体重相同，它们支撑着你的身体不会下沉。

4. 记录下小托盘中水的重量，然后移走托盘并再一次将刻度重置归零。

5. 现在，来称一下刚才浮在水面上的那个小玻璃瓶的重量。你会发现，它的重量与其所排出的水的重量是相同的。

16 指挥潜水器

在你的命令下，一个玩具潜水器能够潜到瓶底并再回到水面上。你的潜水器具备着与潜艇以及其他各种各样的潜水装置相同的工作原理。

你需要准备

塑料笔帽

橡皮泥　　一杯水　　透明的薄塑料瓶

如果笔帽尖部有洞，就用橡皮泥封住。

1. 用一个插入橡皮泥的塑料笔帽来作为你的玩具潜水器。

确保只有尖部浮出于水面。

2. 把潜水器放进一杯水中，调整橡皮泥的数量直到潜水器正好能够漂浮起来。

一个气泡被困在了笔帽里并帮助它浮了起来。

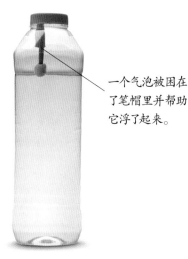

3. 将塑料瓶灌满水，然后放入潜水器并拧紧瓶盖。

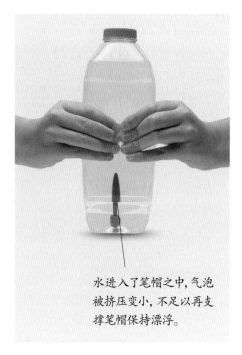

水进入了笔帽之中，气泡被挤压变小，不足以再支撑笔帽保持漂浮。

4. 挤压瓶身的两侧，潜水器就沉到了瓶底！

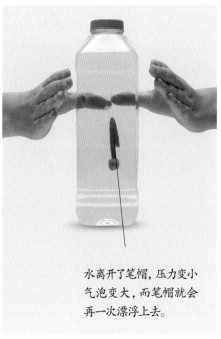

水离开了笔帽，压力变小气泡变大，而笔帽就会再一次漂浮上去。

5. 松手不再挤压塑料瓶，潜水器就又回升到瓶子的顶端。

向下深潜

图中的潜水器探索着深海。它使用灌满了水的水箱来帮助其下潜，而充入水箱的空气则能够帮助其上浮。充入的空气能够把水从水箱中挤出，潜水器才能够向上升浮。

17 制作一座水下火山

水也可以漂浮在水面上，你听说过吗？温度较高的水总是会升向水面并漂浮在较冷的水的上面。让我们来创造一场水下的"火山喷发"来验证这个现象，再来瞧一瞧"火山"上升引起的巨大"烟尘"吧！

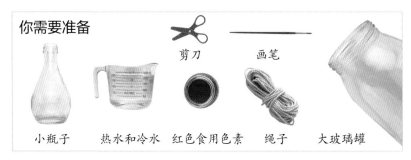

你需要准备

剪刀　画笔

小瓶子　热水和冷水　红色食用色素　绳子　大玻璃罐

1. 剪出一条长绳，将绳子的一头紧紧地绑在小瓶子的瓶口。

2. 将绳子的另一头也绑在瓶口上，做出一个绳环。

3. 将冷水倒入大玻璃罐中，水量到瓶子的四分之三左右。

4. 用热水灌满小瓶子，加入食用色素让水变成亮红色。

5. 抓住绳环吊起小瓶子，慢慢地将其放入大玻璃罐的冷水中。

热泉

海底遍布着许多地下热泉。水被地壳中炙热的岩石加热后，再从这些泉眼中喷出直达海面。潜水器曾经发现过许多围绕着这些热泉生活的生物，它们都非常奇妙。

6. 红色的热水从小瓶子里涌出，就像是爆发的火山冒出的烟云一样。

18 观察液体的沉浮

液体与固体一样可以漂浮和下沉。这是由所谓的"密度"决定的。一个密度较低的物质，它的重量要低于体积相同但密度更高的物质。一个物体或一种液体只能在密度大于它们的液体上漂浮。

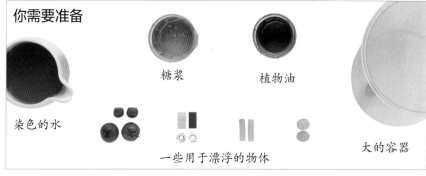

你需要准备

糖浆　　植物油

染色的水

一些用于漂浮的物体　　大的容器

1. 仔细地把糖浆倒入容器，填满四分之一。如果顺着勺子背面倒下去的话会更容易一些。

2. 慢慢地倒入四分之一的植物油和四分之一的染色水。

3. 三种液体分出了三个层面，互相漂浮。然后你可以放入想要进行漂浮实验的物体。

4. 物体漂浮在了不同的液体层。它们不断地下沉直到停止在比它们密度更高的液体之上，并漂浮起来。

水的密度大于植物油但小于糖浆。

葡萄的密度大于水但小于糖浆。

液体的密度测试器

将一块橡皮泥粘在吸管上来做一支"液体密度计"，我们可以用它来测量液体的密度。它所能漂浮的高度是由液体的密度来决定的，密度越高漂浮得也就越高。

19 液体混合

一些液体很容易被染色，但其他一些液体却并不如此。观察食用油是如何"抗拒"染色的，这意味着它不会与色素相混合。然后，再观察色素进入水中时都发生了什么。

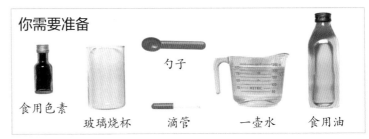

你需要准备

食用色素　玻璃烧杯　勺子　滴管　一壶水　食用油

1. 先在烧杯中加入水，然后再倒入食用油。静置一会儿，它们会分成上下两层，因为水和油无法混合。

2. 小心地将几滴色素滴进烧杯中，如果有必要的话可以使用滴管。滴入的色素会漂浮在油中。

3. 用勺子将滴入的色素推进下层的水中，色素遇水会突然散开并与水混合在一起。

20 流动性测试

把糖浆倒进杯子所用的时间要比把水倒进杯子所用的时间多得多，这是因为糖浆有着更高的"黏性"，意味着它不容易流动起来。对各种液体的黏性进行测试，要用那些在生活中常见的液体。

你需要准备

常见的液体，例如：水、食用油、甘油、糖浆和醋　　果酱瓶和弹珠

1. 将果酱瓶分别装满不同的液体，然后往每个瓶里扔下一个弹珠。

2. 弹珠下沉得越慢，液体的黏性就越高。

21 培养钟乳石

钟乳石是一种由矿物质形成的细长柱子，它们通常吊在洞穴的上方，由水滴中的矿物质在数百年的时间里缓慢地积聚而成。不过，你却可以在不到一周的时间里培养出一个钟乳石来！

你需要准备

别针　勺子

短毛线　一壶温水　盘子　两个罐子　洗涤用苏打（碳酸钠）

1. 向两个罐子中倒入温水，各加入一勺苏打并搅拌直到溶解。

2. 把毛线的两端都夹上别针，然后分别放进两个罐子中，让毛线吊在两者之间。

碳酸钠溶液

碳酸钠溶液沿着毛线流动。

碳酸钠溶液

3. 在两个罐子的中间放一个盘子，用它来接住实验过程中从毛线上滴落的溶液。一个白色的钟乳石从毛线上倒着生长出来，而一个石笋则从盘中向上冒了起来。

碳酸钠溶液的水滴

每一个水滴蒸发后都会留下一点点的苏打，而钟乳石就是这样积聚而成的。

更多的结晶在盘中形成。

钟乳石

当流淌的地下水渗透过岩层时会溶解掉矿物质，而这些水从洞穴顶部滴落时又会将这些矿物质积聚起来形成钟乳石。从钟乳石上滴落的水还会在地面上形成一个同样由矿物质构成的柱子，这就是"石笋"。钟乳石和石笋最终会相遇到一起并成为一个大石柱。

22 水是硬的吗？

水可以是"硬"的，但这与石头的那种硬不同。如果自来水的水质是硬的，就会在管道内和水壶里残留很多矿物质。肥皂泡不容易在硬水中生成，我们可以利用这个特点，测试一下你家中的自来水是不是硬水。

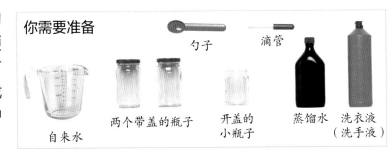

你需要准备

勺子　滴管

自来水　两个带盖的瓶子　开盖的小瓶子　蒸馏水　洗衣液（洗手液）

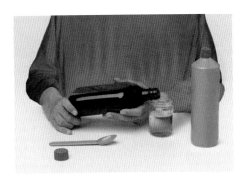

1. 在小瓶子中将洗衣液和蒸馏水混合。蒸馏水的水质并不硬。

2. 将蒸馏水倒进其中一个带盖的瓶子中，另一个则倒入等量的自来水。

3. 在装有自来水的瓶中滴入一滴洗衣液的溶液，然后拧紧盖子。

4. 摇晃装有自来水的瓶子，如果没有起泡，就继续重复实验的第3步。你要数一数在滴入了多少滴溶液后，才足够让水起泡。

如果你家的自来水相比蒸馏水而言需要滴入更多的溶液才能够起泡的话，那么它就是硬水。

5. 对装有蒸馏水的瓶子重复实验的第3步和第4步。那么自来水是不是需要滴入更多的溶液才能够起泡呢？

水的软化

硬水在水管和水壶中残留出了鳞片一样的矿物质层，俗称水垢。而在化学过滤器的帮助下则可以去除水中的矿物质，让水软化。

23 驱动赛艇

让纸做的赛艇划过水盆——而你只需要把它放在水面上就可以了！这是因为水面有一种强大的力量，叫作"表面张力"。

你需要准备

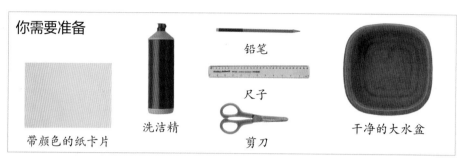

带颜色的纸卡片　洗洁精　铅笔　尺子　剪刀　干净的大水盆

1. 在卡片上画出一个三角形的小艇。

2. 剪下小艇放在水面上。

3. 在你的指尖上挤一小滴洗洁精。

4. 把指尖浸入小艇后面的水里，小艇就会向前方划过去。

如果你想要再做一次实验，那么必须重新更换盆中的水。

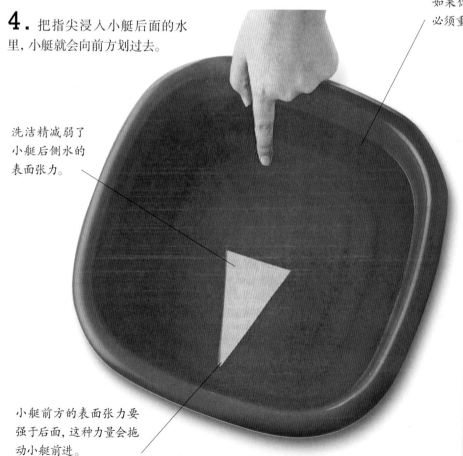

洗洁精减弱了小艇后侧水的表面张力。

小艇前方的表面张力要强于后面，这种力量会拖动小艇前进。

让金属漂浮

如果将一个曲别针轻轻地平放在水面上，它就会漂浮起来！水的表面张力足够支撑起一些非常轻的物体，曲别针的漂浮就是个例子。

24 观察植物喝水

植物和你一样，需要水才能够生存。在花的变色实验中，你能观察到水是如何在植物的根茎中流动，直达上部的叶子和花朵。

你需要准备

几束新鲜的白花

四个玻璃杯

四种不同颜色的墨水或食用色素

剪刀

1. 在每个玻璃杯中倒入不同颜色的墨水或食用色素，再加入一些水。

2. 修剪一下花束，然后将其中一束花的一部分花茎从中剪成两半。

3. 把花放入不同颜色的玻璃杯中，花茎分开的那一束要同时放进两个玻璃杯中。

4. 将花放在一个温暖的房间里，它们会非常缓慢地变颜色。

绿色的花

红色的花

红色的水经过花茎到达花瓣，将它们染成了红色。

分开的花茎将不同颜色的水带进了花里。

5. 分开两半的花茎让花朵呈现出了两种不同的色彩。一半花茎带来了红色，另一半则带来了蓝色。

又红又绿的花朵

口渴的叶子

将一段带叶子的枝条放进一杯水中，倒入一些食用油覆盖在水的表面并在杯壁标记出刻度。用几天的时间来观察叶子是如何来吸水并导致水位下降的。水面上的食用油会防止水的自然蒸发，这样就可以确保水杯中所有消失的水都是被植物所吸收的。

冷与热

热的东西与冷的东西感觉起来非常的不同，就像是热饮料与冰激凌的区别。不过这两种感受却都是由同一个因素所导致——热量。冷与热的区别在于冷的物体比热的物体储存着更少的热量。我们的身体能从食物中获取热量，也能从太阳的照耀和燃烧的温暖中来获得热量。

有多热?

温度计所测量的"温度"，标示出了一个物体有多热或是多冷。衡量温度的单位是"度"，在这个温度计上显示的温度是36.6度。

燃烧与火焰

某些材料被加热后会燃烧起来，这种情况也会发生在森林里的树木上。森林大火的烈焰会制造热量，这会导致更多的树木燃烧起来，而火灾也会继续扩散下去。

一个火球

太阳是一个滚烫而又巨大的气体星球。它闪耀着光芒，并通过不可见的射线释放了无数的热量，这些射线遨游过宇宙并温暖了地球。

保持温暖

你在冬天穿着厚的衣服，因为它们能阻止热量从体表流失来让你保持温暖。

保持凉爽

在炎热的天气里你会穿上薄的衣服，这可以让热量从体表释放出来，所以就不会觉得特别热。

25 制作简易温度计

温度计通常带有一个细管，里边装有深色的液体，液体在其中上下浮动。细管上标有温度尺来指示出当时的温度。

你需要准备

橡皮泥

卡片　　剪刀　　冷水　　食用色素　　彩笔　　玻璃瓶

1. 在瓶中倒入四分之三的冷水，然后再滴入几滴食用色素。

封好不能漏气

2. 将吸管插入瓶中，浸入水下，再用橡皮泥封住瓶口。

3. 向吸管内吹气，瓶中的水位会升高，当升高到一半的时候停止。

黑色的刻度代表常温。

4. 🧍在卡片上剪出一对开口，滑进并卡住吸管，然后用黑色的笔在卡片上标记出水面的高度。

红色的刻度代表着更高（暖）的温度。

热量使瓶内的空气膨胀并推高了吸管里的水位。

5. 把温度计放到一个更温暖的地方，吸管内的水位会升高，然后用红色的笔作出标记。

蓝色的刻度代表着更低（冷）的温度。

瓶中的空气遇冷后会收缩，压力减少，而吸管中的水位也会降下来。

6. 把温度计在冰箱里放一会儿，吸管内的水位会下降，用蓝色的笔作出标记。

26 弹珠比赛

热量在某些材料中会扩散得更为迅速。用实验来展示一些普通的材料对热量的"传导"，也就是这些材料谁能更有效地吸收热量。你会发现，良好的导体会吸收掉大部分的热量。

你需要准备

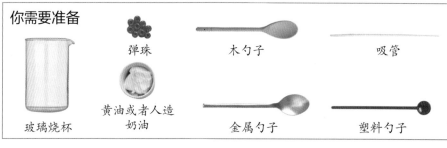

弹珠　　木勺子　　吸管

黄油或者人造奶油　　金属勺子　　塑料勺子

玻璃烧杯

1. 用黄油在吸管的一头及每种勺子的勺把处都粘上一颗弹珠，然后弹珠向上地将吸管和勺子放入烧杯中。

2. 在烧杯中倒入热水，热量会通过吸管和勺子向上传导并融化黄油。观察最先掉落的弹珠，它一定是粘在了最好的热导体上。

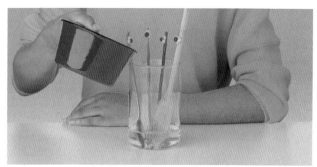

27 热量的循环

用实验来展示热量是如何在液体中进行循环的，而你所观察到的这种运动被称为"对流"现象。空气中同样也会产生对流现象，当你在屋内打开一台电暖气时，它的热量就会通过对流来扩散出去。

你需要准备

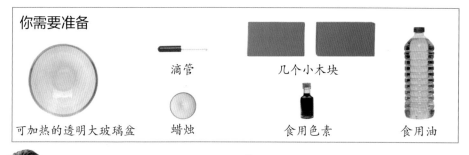

滴管　　几个小木块

可加热的透明大玻璃盆　　蜡烛　　食用色素　　食用油

1. 将蜡烛放在木块之间，请成年人帮你点燃它。

2. 在玻璃盆中倒入食用油，然后将其放置在木块上，再用滴管在油的底部挤出几滴色素。

3. 油的热流循环了起来，而其中的色素被夹带着一同运动。

表层的油冷却后沉回到底部。

当油越来越热时就会上升。

滴入的色素。

28 让饮料持久冰爽

当一种液体吸收了周围的热量时，就会蒸发成为气体。冰箱利用这种原理来冷藏食品，而你也可以利用这个原理来试着制造出自己的冰箱。

你需要准备

两罐饮料　　玻璃盆　　一壶水　　黏土花盆　　喷壶

这一罐会在阳光下变热。

这一罐会在实验过程中保持冰爽。

1. 这个实验需要在晴天进行。拿起两罐饮料，一罐饮料放在玻璃盆中，另一罐放在太阳下。

2. 用花盆扣住玻璃盆中的饮料，然后再浇下凉水直到花盆被彻底浸透。

3. 把玻璃盆挪到室外阳光下，不时地对其喷水来避免干燥。

当水从被浸湿的花盆表面蒸发时会带走其内部的热量，这样就减少了饮料罐上的热量并令其中的饮料保持清爽。

4. 大约一个小时之后，拿回两罐饮料并分别来尝一尝。

5. 你会发觉直接暴露在阳光下的那一罐饮料温度特别的高，而另一罐饮料，由于其外面盖着的花盆起到了冰箱的作用，所以喝起来是凉爽的。

颤抖的游泳者

就算在并不是很冷的天气里，人们从海中或游泳池里上岸的时候也会颤抖，这是一种很常见的情形。当水从你湿漉漉的皮肤和泳衣上蒸发的时候会带走你体内的热量，让你感觉到寒冷。这种时候，如果你准备了一条大浴巾来包住自己的话那就太好了！

29 保存热量

滚烫的水很容易流失热量，所以过不了多久它们就会冷却下来。让我们制作一个存放热水的容器，这个容器能够阻止热量的流失，所以其中的水可以在更长的时间里保持热度。

你需要准备

胶带　宽的软木垫

带盖的大罐子　带盖的小罐子　小玻璃杯　热水　铝箔　剪刀

闪亮的铝箔能帮助把热量保存在小罐中。

1. 在小罐子的外侧紧紧地围两层铝箔，铝箔光亮的一面要朝内，然后再用胶带粘牢铝箔。

2. 把热水分别倒入小罐子和玻璃杯中，盖好小罐子的盖子。

盖子阻止了热量向上流失。

热量从杯子的上方和侧面流失。

热量难以通过软木垫和瓶中的空气来流失掉。

3. 把软木垫放在大罐子的底部，再把小罐子摆在软木垫上，盖上大罐子的盖子。

玻璃杯中水的热量流失速度要比小罐子中的水快得多。

水在小罐子中所能保持温度的时间要长很多。

4. 十分钟后，拿出并打开小罐子，你会发现其中的水依然温暖，但是玻璃杯中的水已经是凉的了。

热屏障

真空保温瓶能够保热也能够保冷。它具备带有密封盖的两层瓶胆，就像是实验中的储热容器。内胆有着闪亮的内壁并配以"真空"或隔空的双层胆壁。热量想要离开或是进入保温瓶是极其困难的，所以它可以在很长的时间内保热或是保冷。

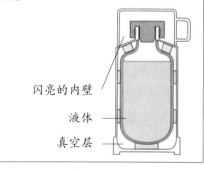

闪亮的内壁

液体

真空层

30 战胜火焰

点燃蜡烛——然后再如魔法一般地让它熄灭！这是因为物质必须在有氧的空气环境下才能够燃烧。当无法获得氧气时，火焰就会熄灭。

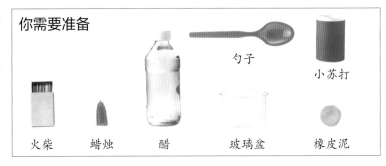

你需要准备

勺子　小苏打

火柴　蜡烛　醋　玻璃盆　橡皮泥

1. 用橡皮泥把蜡烛粘在玻璃盆的底部。

蜡烛的顶部必须要低于玻璃盆的边缘。

2. 用勺子把小苏打撒在蜡烛的周围。

3. 请一位成年人用火柴点燃蜡烛。

醋和小苏打发生反应后会释放出二氧化碳气体。

当蜡烛燃烧时会消耗空气中的氧气。

泡沫不可以接触火焰。

4. 在玻璃盆中加入一些醋，小苏打就会开始起泡。

肉眼不可见的二氧化碳气体填满了玻璃盆，覆盖了火焰并阻断了氧气。

5. 耐心等待一会儿。忽然间，火焰熄灭了，但你却观察不到是哪里出了问题。

与火焰作战

消防员会在火焰上覆盖由水、泡沫或二氧化碳组成的隔离层，这个隔离层能让火焰与氧气隔绝。如果燃烧要持续下去，就必须一直获得空气中的氧气，没有了氧气，火焰就会熄灭。

火柴一旦浸入二氧化碳中就会立即熄灭。

6. 试着再次点燃蜡烛，但这根本就做不到！

31 切割冰块

直接切过冰块后，冰块还能够保持完整！这个神奇的实验不需要刀子，只需要一段铁丝。

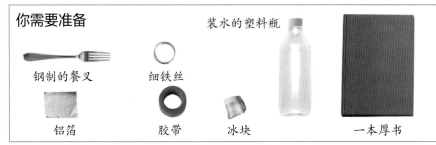

你需要准备

装水的塑料瓶

钢制的餐叉　　细铁丝

铝箔　　胶带　　冰块　　一本厚书

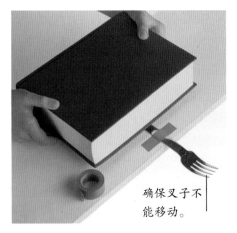

确保叉子不能移动。

1. 用胶带把叉子固定在桌子的边缘，用一本厚书压在叉子的把上。

将铁丝圈的两头打结并紧系在一起。

2. 绕出一个铁丝圈并把它紧紧地系在装满水的塑料瓶瓶口上。

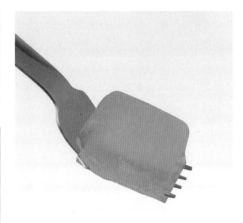

3. 把冰块和方形的铝箔上下叠起来放在叉子上。

4. 把铁丝套在冰块上，瓶子的重量会向下拉住铁丝，使其切进冰块中。

5. 铁丝会慢慢地切过冰块。

铁丝的拉力非常大，以至于在其下方的冰会被融化掉。

当铁丝的压力消失的时候，水会重新冻结起来。

冰上速滑

滑冰的人能够在冰面上快速地滑行，是因为他们的体重使得冰鞋的冰刀正下方形成了一层水的薄膜，而冰鞋就可以沿着这层水膜轻松滑动。冰刀的底部有一点儿弧度，这样可以更牢地踩住冰面，尤其是在倾斜的时候。

6. 当铁丝切过冰块之后，你会发现冰块居然还是完整的！

32 自制冰激凌

让我们自己来制作出美味的冰激凌吧！与此同时，我们还要学习如何在不使用冰箱的情况下来冷藏物品，这也是制作冰激凌的传统方法，现在依然非常的实用！

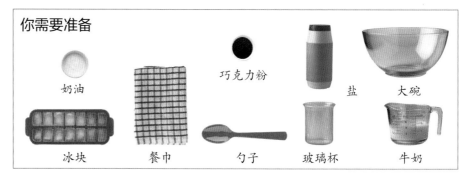

你需要准备

奶油

巧克力粉

盐　大碗

冰块　　餐巾　　勺子　　玻璃杯　　牛奶

1. 将一勺巧克力粉、一勺奶油和两勺牛奶倒入玻璃杯中混合在一起。

2. 在碗里放入一些冰块并撒上大量的盐。

3. 将这杯混合好的冰激凌奶昔放在碗中撒上了盐的冰块上。

当冰与盐混合后，冰就会融化并且温度也会变得更低。

4. 围着杯子再堆起几层加盐的冰块。

冰吸收了热量后才会融化，而奶昔就是热量的来源，所以它会被冰镇，逐渐变为冰激凌。

餐巾会阻止外部的热量进入碗内。

5. 把餐巾盖在碗上，奶昔要在其中放置一个小时，而且每隔几分钟就要搅拌一下。

冰锥

沿着一个冰冷的边缘所滴落的水会形成冰柱。冰冷的表面会吸取水中的热量，水就会成冰，而冰柱就开始形成。当更多的水顺着冰柱流下时又会结成新的冰，因此冰柱也就不断地生长起来。

6. 把玻璃杯从碗中拿出，现在来尝一尝自制的巧克力冰激凌吧。

光

光把周围的世界带入了你的眼帘。光的源头产生了光线，比如太阳和灯泡。光线会在物体上反射，然后进入你的眼中，让你能够看得到物体，就像看到这本书一样。我们的头脑会使用光来合成"画面"，或者说通过光来形成物体的图像。

坏了？弯了？

立在水杯中的笔实际上是直的，它看起来很奇怪是因为水扭曲了从笔上反射到你眼中的光线。

小得看不到？

你可以使用显微镜来观察非常微小的物体和生物。你在显微镜中看到的图像是高度"放大"的，或者说比它们实际的大小超出了许多倍。

镜像

你能够在镜子中看到物体的图像。放在靠前的和靠后的两面带有弧度的镜子反射出了大小不同的图像。

快如闪电

照相机会发出明亮的闪光来为拍照的过程创造足够的光亮。光会在二十亿分之一秒内从照相机到达女孩身上。

33 影子游戏

用墙上照出的鬼影来给你的朋友们做个恶作剧吧！这个游戏同时也会展示出光以直线行进的原理。每当光线被物体遮挡住的时候，就会形成影子。

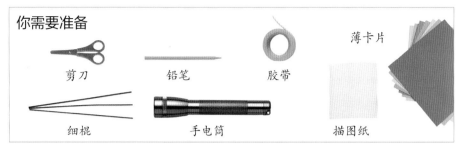

你需要准备

剪刀　　铅笔　　胶带　　薄卡片

细棍　　手电筒　　描图纸

1. 找一本印有鬼怪图样的书并在描图纸上描下它们，或者在纸上画下你独创的鬼怪。

2. 把你描下的鬼怪再画到卡片上。

3. 小心地剪下画好的鬼怪并把它们粘在细棍上。

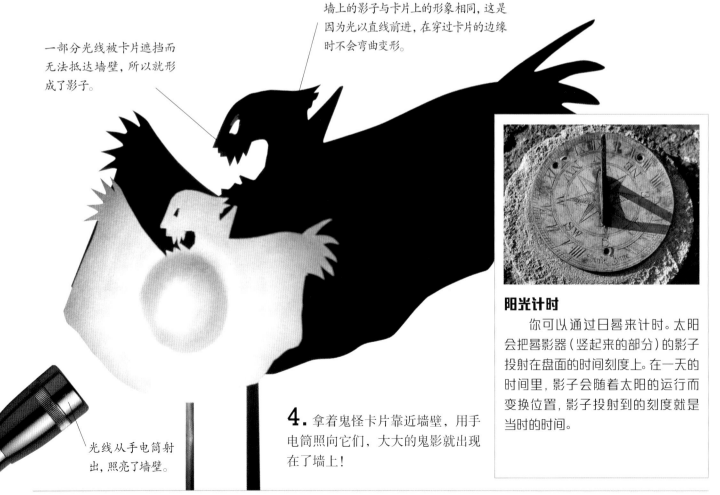

一部分光线被卡片遮挡而无法抵达墙壁，所以就形成了影子。

墙上的影子与卡片上的形象相同，这是因为光以直线前进，在穿过卡片的边缘时不会弯曲变形。

光线从手电筒射出，照亮了墙壁。

4. 拿着鬼怪卡片靠近墙壁，用手电筒照向它们，大大的鬼影就出现在了墙上！

阳光计时

你可以通过日晷来计时。太阳会把晷影器（竖起来的部分）的影子投射在盘面的时间刻度上。在一天的时间里，影子会随着太阳的运行而变换位置，影子投射到的刻度就是当时的时间。

③④ 窥视拐角

制作一个潜望镜，你可以用它越过墙面或是越过别人的头顶来看到后面的景象。潜望镜的工作原理就是镜面对光的反射。

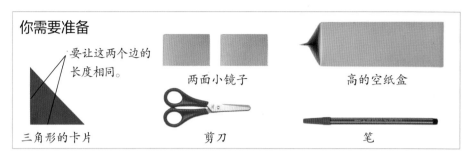

你需要准备

要让这两个边的长度相同。

三角形的卡片

两面小镜子

高的空纸盒

剪刀

笔

1. 在纸盒的一边，使用三角形卡片画出两条斜线。

2. 沿着斜线小心地剪出两条开口，开口应该正好能让小镜子放进去。

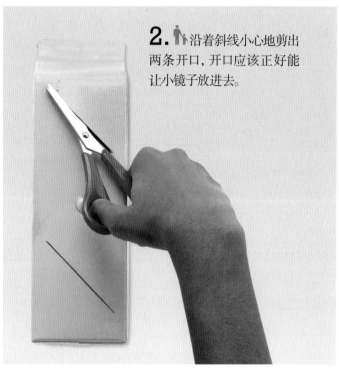

3. 在纸盒的另一面重复步骤1和步骤2。

这两个开口必须位于前两个开口的正对面，注意线的方向不要画错。

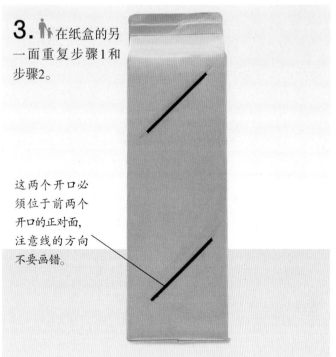

4. 将两面小镜子仔细地插进开口中，它们应该紧紧地卡住而不会滑落出来。

顶部的小镜子要镜面朝下。

底部的小镜子要镜面朝上。

5. 在顶部镜面的正前方画出一个大的正方形，然后再小心地将其剪下来。

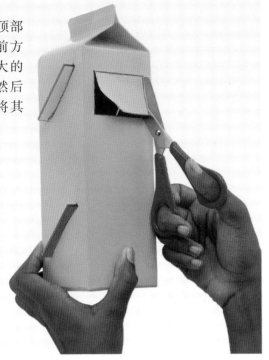

6. 用铅笔在纸盒背面捅出一个洞。那么现在你的潜望镜就准备完毕了。

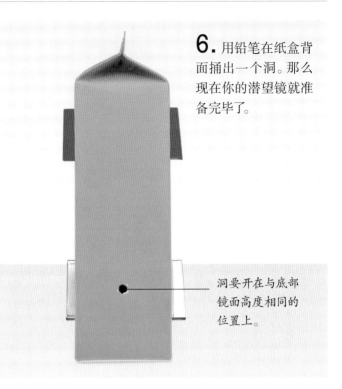

洞要开在与底部镜面高度相同的位置上。

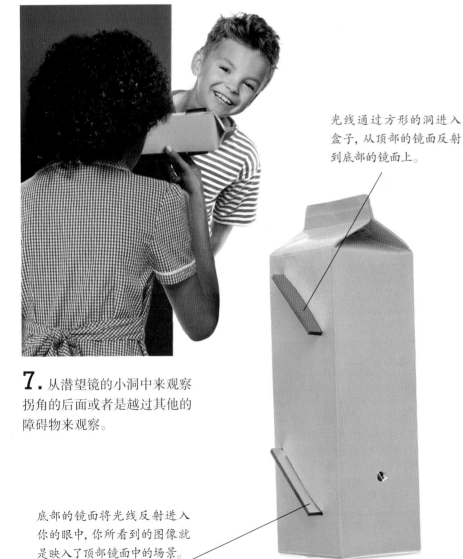

光线通过方形的洞进入盒子，从顶部的镜面反射到底部的镜面上。

7. 从潜望镜的小洞中来观察拐角的后面或者是越过其他的障碍物来观察。

底部的镜面将光线反射进入你的眼中，你所看到的图像就是映入了顶部镜面中的场景。

上面有什么?

当潜水艇潜入水下时，船员可能需要观察水面上的情况，可能需要了解是否有船舰靠近，所以他们会将潜望镜升出海面来观察四周。潜望镜有着一个长长的管子来将海面上的光线反射进潜水艇之中，一位船员会在潜望镜中观察潜艇上方都发生了什么，而后潜望镜就可以再次被收回到潜艇之中了。

35 制作万花筒

用镜子和弹珠来制作一个彩色的万花筒，只要你摇动它，美丽的图案就会一个接一个地出现。

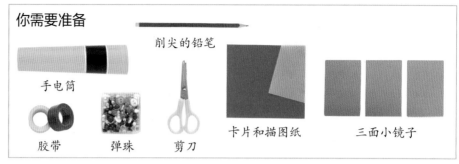
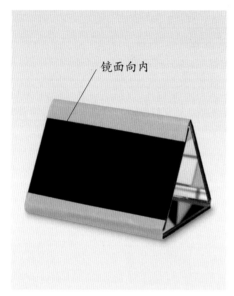

镜面向内

1. 将三面镜子用胶带粘成一个三角形柱体。

2. 沿着柱体的边缘在卡片上画一个三角形。

3. 把画出的三角形从卡片上剪下，然后用铅笔在正中间捅出一个洞。

4. 把制作好的三角形卡片用胶带粘在柱体的一端。

5. 用胶带将展开的描图纸固定在柱体的另一端。

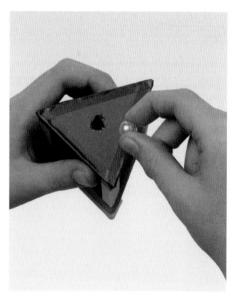

6. 把一些弹珠塞进洞中，然后你的万花筒就准备好了。

7. 用手电筒照射描图纸，然后通过小洞向内观察。你会看到许多弹珠组合在一起形成了一个图案，而晃动万花筒后图案又会产生不同的变化。

镜子反射来自弹珠的光线，形成了各种各样的图案。

你、你、你、你、你……

你能够在两面平行的镜子中看到许多重复的画面，这是因为它们在不断地反射着同一些光线。

36 一个变两个

利用水来把一粒纽扣变成"两粒"！光线在经过水和玻璃时的弯曲程度是不同的，这也是这个小实验的原理。这种对光线的弯曲被称为光的"折射"。折射同样可以让立在水中的直尺看起来是弯曲的。

你需要准备

玻璃杯　　　　一壶水　　　　纽扣

挑选不会漂浮起来的纽扣。

有两组弯曲的光线进入了你的眼中，所以你看到了"两只"纽扣。

1. 把纽扣放进玻璃杯里，最好能放在玻璃杯底部的正中间。

2. 轻轻地把水倒入杯中直至二分之一的位置。

3. 斜着向杯内观察，里边看来就像是有两粒纽扣一样！

37 自制手电筒

我们需要光来驱散黑暗——我们利用电来制造光明。若是没有电能，街道上或者是我们的家中就没有足够的照明。手电筒是你可以随身携带的光源，其内部的电池提供了它所需要的电力。按下开关，一缕光束就会穿透黑暗。

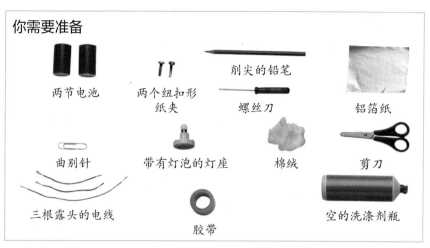

你需要准备

两节电池　　两个纽扣形纸夹　　削尖的铅笔　　铝箔纸

曲别针　　带有灯泡的灯座　　棉绒　　剪刀

三根露头的电线　　胶带　　空的洗涤剂瓶

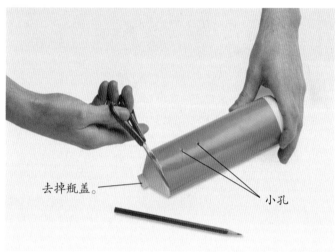

去掉瓶盖。　　小孔

1. 剪掉瓶子的瓶口部分，用铅笔在侧面戳出两个小孔。

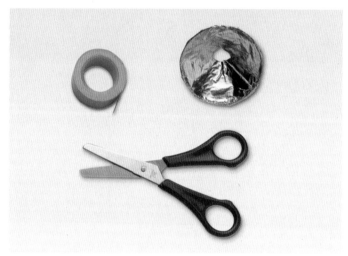

2. 用胶带把铝箔纸粘在瓶口内侧，要确保光面朝外。

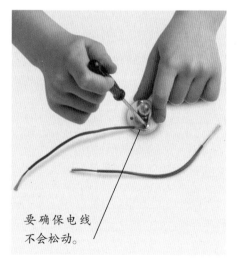

要确保电线不会松动。

3. 用螺丝刀将两根电线牢牢地固定在灯座上。

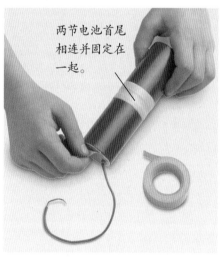

两节电池首尾相连并固定在一起。

4. 用胶带将两节电池绑到一起，把第三根电线粘在下方电池的尾部。

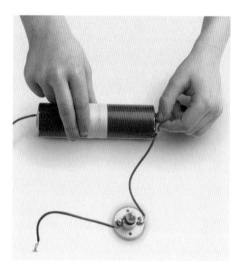

5. 任选灯座上的一根电线并用胶带粘在上方电池的接头上。

围着电池塞好棉绒，使其在瓶中能够固定。

6. 将连接着电池组尾部的电线穿过瓶身靠下的小孔。在瓶中塞好棉绒，然后装入电池。

7. 将连接在灯座上的另一根电线穿过瓶身靠上的小孔，然后将两根穿过来的电线固定在纽扣形的纸夹上，再把两个纸夹分别插进上下两个小孔之中。

8. 把灯座设置在电池的上方，瓶口倒置着穿过灯泡，卡好位置后再用胶带固定。

9. 把曲别针压弯曲。然后将曲别针的一端固定在靠下的纸夹上来做成一个开关。

合上开关让电流从电池沿着电线流到灯泡。

明亮的灯泡

发光二极管,也就是LED,基于电子场原理发光,也就是由通过的电流来点亮发光体。当LED灯被打开时,电流会激活灯泡内微小的颗粒——电子。当电子活动时,它们会以强光的形式释放能量。

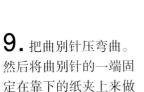

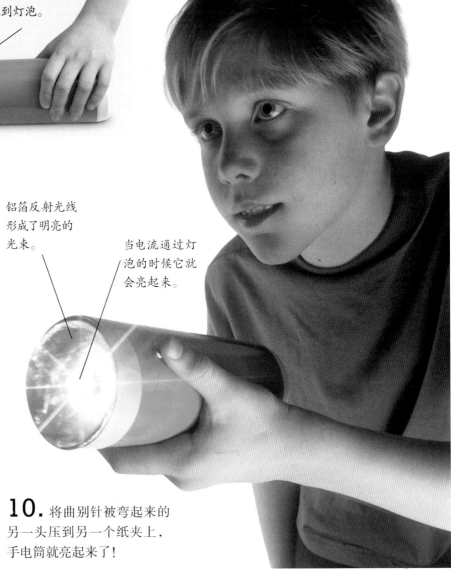

铝箔反射光线形成了明亮的光束。

当电流通过灯泡的时候它就会亮起来。

10. 将曲别针被弯起来的另一头压到另一个纸夹上,手电筒就亮起来了!

38 制作一台照相机

制作一台简易的照相机模型来展示它的工作原理。模型会使用一个放大镜来成像，与真正的照相机镜头原理相同。

你需要准备

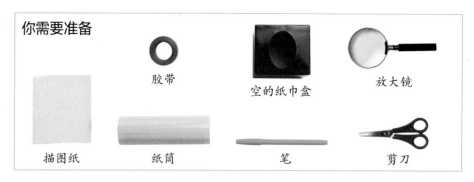

胶带　　　空的纸巾盒　　　放大镜

描图纸　　　纸筒　　　笔　　　剪刀

1. 将纸巾盒开口朝下放在桌面上，然后把纸筒立在纸巾盒上，沿着边缘画出一个圆。

2. 👪小心地剪掉画好的圆。

3. 把纸筒插进圆洞。纸筒应该能够自由地前后移动。

4. 用胶带把放大镜固定在纸筒的末端。

5. 用描图纸覆盖住纸巾盒的开口并用胶带固定。现在，你就可以开始使用这架照相机模型了。

照相

真正的照相机配备有镜头和记忆卡，前者与放大镜的作用相似，后者则代替了描图纸的功能。当你照相时，光会通过镜头形成上下颠倒的图像并被记录在记忆卡中。你可以在照相机的屏幕上或是在你的电脑中查看被记录下来的图像。

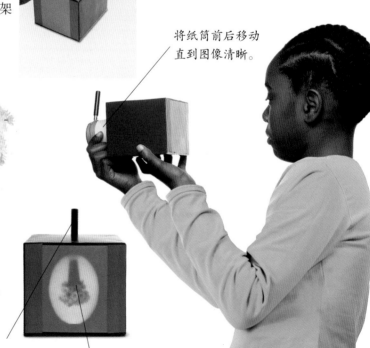

将纸筒前后移动直到图像清晰。

放大镜就是一个镜头，它使来自花瓶的光线汇集并投映在描图纸上。

图像形成在光线交汇的位置，左右互换并上下颠倒。

6. 使用照相机朝向一个明亮的物体，这个物体的图像就会出现在描图纸上。

39 弯曲光束

光以直线进行传播。不过，其他表面对光的反射可以改变光行进的路径。这个实验借助了水的反射特性来实现光束的拐弯。

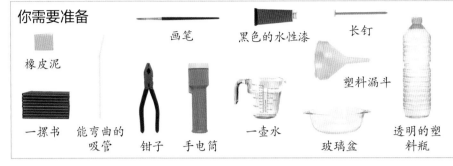

你需要准备

橡皮泥
画笔
黑色的水性漆
长钉
一摞书
能弯曲的吸管
钳子
手电筒
一壶水
塑料漏斗
玻璃盆
透明的塑料瓶

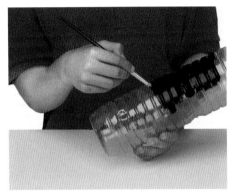

1. 将塑料瓶表面竖着区分，一半涂黑并晾干。

2. 请一位成年人在距瓶底上方6厘米处被涂黑的一侧穿一个洞。一个灼热的长钉可以整齐地在瓶身穿出圆洞，但是它必须被夹在钳子上才能使用。

3. 把吸管较长的一头插进洞中，用橡皮泥密封住洞的周围以免漏水，然后再用橡皮泥塞住吸管较短的另一头。

4. 将塑料瓶灌满水，然后把它放在一摞书上，还要将玻璃盆放在吸管的下方。

光无法从水流的边缘逃脱，只能跟随着水流的方向前进。

光不断地在水流的边缘来回反射。

5. 打开手电筒，用它从塑料瓶透明的一侧向小孔照射。拿掉塞住吸管的橡皮泥，把手指放在水流上，你将会看到一个小小的光点在你的指尖跳动！

光的信息

电话和电脑的数据通常是以光脉冲的形式沿着线缆传输的。线缆内部充斥着非常细的玻璃线材，它们就是光借以传输的光学纤维。玻璃线材的边缘不断地将光反射出去，光就会沿着光纤反射前进。

色彩

想象一下没有颜色的世界会是什么模样,那一定就像是生活在过去的黑白电影里!色彩让世界美丽缤纷,我们也在利用这些自然中的美妙色彩来装饰衣物和我们的家。色彩存在于物体所反射的光线中,例如红色的光就是反射自红色的物体,而当这些光线进入眼中时,我们就感知到了色彩。

色彩的含义

我们赋予了颜色一定的意义。例如,交通灯的红色意味着"停",绿色意味着"行"。

彩虹

阵雨中的阳光会让彩虹显现。雨滴将明亮的阳光变成了彩带,而只有太阳在你身后照耀时你才能够看到彩虹。

用色彩伪装

有些动物与这只绿色的变色龙一样,能够让自己的颜色与周围的环境融为一体,这就让其他的动物难以发觉它们的存在。

鲜艳的生物

许多动物就如同这些蝴蝶一样有着鲜艳的色彩。这些颜色可以吸引其他的动物或者是警告敌人。

40 卡片上的彩虹

不必期待下雨，你随时都能见到彩虹。所谓"白色"的或者无色的光实际上混合了彩虹中所有的颜色，我们使用水就可以将这些颜色分离开来。

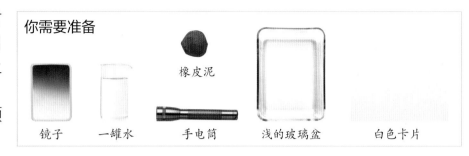

你需要准备

镜子　　一罐水　　橡皮泥　　手电筒　　浅的玻璃盆　　白色卡片

1. 把水倒入浅盆中直至半满。

2. 让镜子倾斜着靠在盆的一边并用橡皮泥固定。

3. 用手电筒照射浸在水下的镜面。

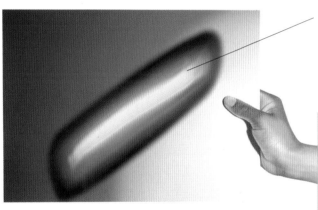

从手电筒射出的白光入水又离开后就分离成了缤纷的彩带。

4. 把卡片拿到盆的上方镜子的斜对面，你会发现有彩虹显现在了卡片上！观察一下有多少种不同的颜色在其中出现。在这个过程中，也许你需要调整一下卡片或手电筒的位置，才能看到彩虹出现。

镜子反射了手电筒的光，所以光打到了卡片上。

彩虹之内

当你看见一道彩虹时，你看到的其实就是来自太阳的光线。这些白色的光线被雨滴反射之后，就分解成了彩虹上的各种色彩。

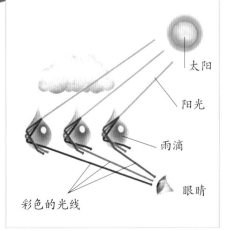

太阳

阳光

雨滴

眼睛

彩色的光线

41 观赏日落

黄昏时,太阳总会以一种迷人的橘色或红色落下。那么现在由你来制造一场日落,去弄清楚为什么太阳会在黄昏时呈现出这样的色彩吧。你可以借助手电筒和一杯奶白色的水来完成这个实验。

你需要准备

牛奶　　　一烧杯水　　　手电筒　　　勺子

1. 用手电筒照射装满了水的烧杯,亮光看起来是白色的,就像是太阳当空时的颜色。

2. 往烧杯中倒入一些牛奶。

3. 将水缓慢地搅动成淡淡的白色。

4. 用手电筒再次照向烧杯,这次的光看起来是橘红色的,就像是日落时的色彩。

水中的牛奶微粒阻断了光的一部分颜色,只有橘黄色和红色才能够照射过来。

玫瑰黎明与火红黄昏

在清晨或傍晚,当太阳的高度处于天空中的低点时,阳光需要穿过比一天中其他时段更多的空气。更多的空气意味着更多的微粒,而过多的微粒则阻挡了阳光,所以只有橘色和红色的光线才得以通过。

42 揭示隐藏的色彩

纸可以将水吸收，也可以将墨水或食用色素中的颜色分离开来。颜色可以分离是因为纸在吸收各种颜色时的速度有快有慢。那就让我们用纸的这个特点来找到深色液体中隐藏着的色彩吧！

你需要准备

滴管　　纸夹

各种颜色的墨水和食用色素

吸墨纸　　小罐子　　窄的塑料条

1. 在每一个罐子中，把墨水与食用色素以不同的搭配相互混合。

不同颜色的液体相混合后会变为深色。

2. 将吸墨纸撕成数条并夹在塑料条上，然后在每张纸条的末端分别滴下一滴取自不同罐子的混合液。

红色、橘色和蓝色　　　绿色、黄色和蓝色　　　棕色和蓝色　　　蓝色、紫色和棕色

3. 倒掉液体，清洗干净所有的罐子，再分别倒入一些清水。将纸条放进罐中，让底部刚好能触碰到水面。你会看到各种颜色沿着纸条向上移动，分离成了颜色各异的色带。

制作颜料

一罐彩色的颜料中包含着一种以上的颜色，而许多颜色都被隐藏了起来。颜料是通过混合若干不同的"色素"材料或是着色材料来制造的。不同的混合材料能调制出不同的色调。

43 混合颜色

与本书中所使用的图片一样，所有彩色的图片都能够展现出彩虹的全部色彩，而所有这些色彩只需要三种颜色外加黑色就可以混合而成。用实验来展示如何用两种或三种色彩混合出你想要的颜色。

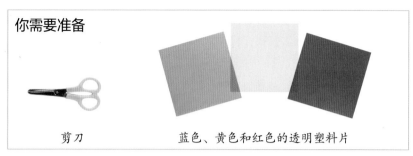

你需要准备

剪刀　　　　　蓝色、黄色和红色的透明塑料片

1. 把各种颜色的塑料片剪成若干宽度相同的长条。

2. 在白色的桌面上将黄色和蓝色的塑料条叠置起来，颜色相重叠的部分，绿色就显现了出来。

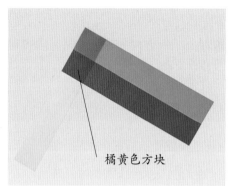

橘黄色方块

3. 加入红色的塑料条并开始拼出方块状的图样。观察红色和黄色是如何混合成橘黄色的。

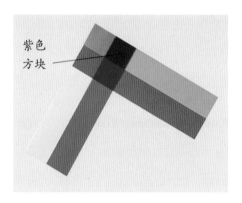

紫色方块

4. 加入另一个红色的塑料条并与蓝色相覆盖，紫色就会被混合而成。

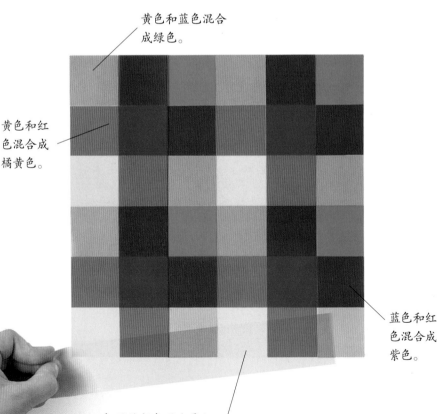

黄色和蓝色混合成绿色。

黄色和红色混合成橘黄色。

蓝色和红色混合成紫色。

相同的颜色再次叠加后就形成了明黄色、亮红色和鲜蓝色。

5. 加入更多的塑料条。红色、蓝色和黄色相混合又形成了若干不同的颜色。

44 旋转的色彩

通常我们看到的白光，比如阳光，它似乎没有颜色，但实际上它却包含了彩虹中的所有色彩。画一个彩色的碟子，通过转动它来证明这个不可思议的事实吧。

你需要准备

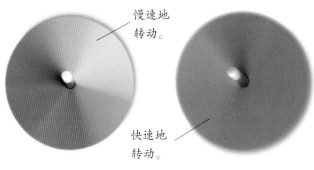

紫罗兰色、靛蓝色、蓝色、绿色、黄色、橘色和红色的颜料

量角器

削尖的铅笔

画笔刷

作画用的水

1. 从白色卡片上剪下一个圆盘，用量角器划分出七个区域，然后分别涂上七种不同的颜色。

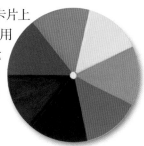

2. 在圆盘的中心插出一个洞，然后插进铅笔。转动圆盘，当所有颜色混合时，各自淡化消失，成为白色。

慢速地转动。

快速地转动。

45 变换色彩

一个物体会通过反射光线来显示它的颜色，而事实上只有光线中的部分颜色能够被物体反射，并不是全部。用彩色的玻璃纸来限制一个物体反射进你眼中的颜色，以此来证明这个有趣的现象吧。

你需要准备

手电筒

黄色的香蕉

红桃的纸牌

红色和绿色的玻璃纸

顶部与一侧都敞开的黑盒子

绿色的苹果

1. 把实验物品全部放进盒子，将绿色的玻璃纸盖在盒子顶部，然后用手电筒从敞开的侧面照进盒中。

红色的桃心不会反射绿光，所以它们看起来是黑色的。

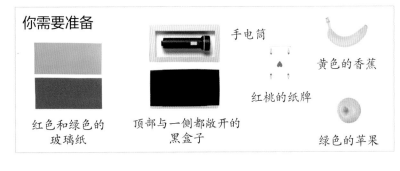

黄色的香蕉和绿色的苹果都会反射绿色的光线。

只有绿色的光线才可以穿过玻璃纸。

2. 换成红色的玻璃纸后再重复相同的实验步骤。你会看到纸牌的红心消失，绿色的苹果变暗，而黄色的香蕉现在看起来则变成了红色。

白色的卡牌会反射所有颜色的光线，所以它现在看起来是红色的。

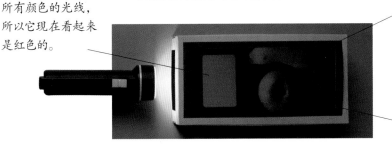

黄色的香蕉同样可以反射红色的光线。

绿色的苹果无法反射红色的光线。

只有红色的光线才可以穿过玻璃纸。

46 用颜色来测验

让液体瞬间变色，好似魔法一般！你可以把这种颜色变化的原理作为实验的方法，来验证物质是酸性还是碱性，又或是非酸非碱（中性）。

你需要准备

筛子

紫甘蓝、刀、案板

汤锅

勺子

大罐子

四个小罐子

蒸馏水或纯净水

1. 小心地将紫甘蓝切成小块。

2. 在汤锅中加热蒸馏水，然后再倒入切好的菜。

3. 待锅中的菜水冷却后，再用筛子过滤，把菜水倒进大罐子中。

4. 把菜水倒入各个小罐子中，然后开始测试各种各样的实验物。

花色的多样性

土壤中的酸性或碱性物质能够让绣球花的颜色产生变化。蓝色的花说明其生长的土壤为酸性，而粉色的花说明其生长的土壤为碱性。

柠檬汁

醋

酒石

5. 测试柠檬汁、醋和酒石。它们是酸性的物质，会把菜水变成红色。

蒸馏水

6. 在菜水中加入蒸馏水，然而颜色并未发生改变，依旧保持着红紫色。因为蒸馏水既不是酸性也不是碱性，是中性的。

小苏打

自来水

7. 测试小苏打。小苏打属于弱碱性，会把菜水变成蓝色，而自来水也有着同样的效果。

氨水

洗涤碱

8. 测试少许的氨水或洗涤碱。这些强碱物质会把菜水变为绿色。

47 气泡中的色彩

阳光下的肥皂泡看起来非常缤纷多彩，而这个实验则会告诉你如何吹出漂亮的大气泡，并展现出它们迷人的色彩。

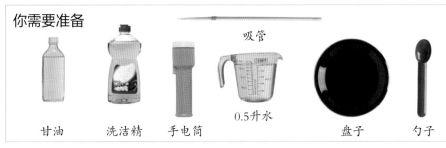

你需要准备

吸管

0.5升水

甘油　　洗洁精　　手电筒　　　　　　　　盘子　　勺子

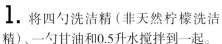

1. 将四勺洗洁精（非天然柠檬洗洁精）、一勺甘油和0.5升水搅拌到一起。

2. 在盘子里倒一些混合好的溶液，然后将吸管插进溶液中，再轻轻地吹起一个大气泡。

3. 小心地从气泡中拔出吸管，接下来紧挨着吹起第二个气泡。要试着让这两个气泡的大小相同。

手电筒要与气泡保持水平。

4. 打开手电筒照向气泡"墙"，而"墙"就是两个气泡相连接的位置所形成的膜。

5. 任选一个角度来观察气泡墙，你会发现美丽的彩带出现在了上面！如果一开始观察不到，则需要调整一下手电筒的位置。

溶液中的甘油会让气泡更加坚固，所以它们会比普通的泡泡持续更长的时间。

正面和反面的气泡墙都会反射手电筒的光，两束被反射的光线相混合后或者说相互"干扰"后，就显现出了这些迷人的彩带。

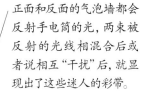
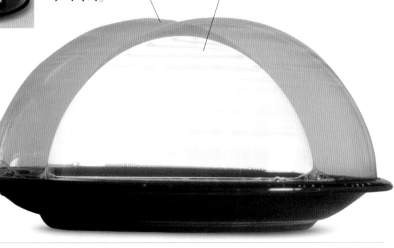

48 印下绚丽的图案

让我们在纸上印出漂亮的彩色图案吧！实验中的这种色彩转移方式与书中彩色图片的印刷方式是相同的。

你需要准备

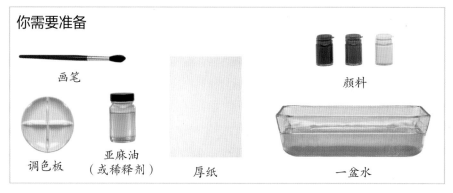

画笔

调色板　亚麻油（或稀释剂）　厚纸　颜料　一盆水

1. 取一些颜料放入调色板。

2. 将亚麻油或稀释剂与各个颜料相混合。

3. 用画笔在调色板中取一种颜色并浸在水中慢慢地化开。

4. 把其他颜料也加进水中，然后用画笔旋转着搅拌颜料，形成图案。

5. 慢慢地将纸铺展在水面上，漂浮起来。

6. 小心地从水面上掀起纸的一边，拿起纸并铺在平面上。

红蓝相间的
图案

黄蓝相间的
图案

7. 把纸晾干。还可以
试着印出其他颜色的
图案。

红黄相间的图案

彩色印刷

　　彩色印刷机的滚筒可以将
彩色的油墨印刷成图片。彩色
的油墨会在纸张通过滚筒的时
候转移到上面，显现出彩色的
图片。

彩色的油不溶于水，所
以可以转移到纸上。

生长

在生命的初始阶段，大部分生物的个体都很微小，它们会逐渐地生长成熟。人类和动物的成长都需要消耗食物，植物也同样是如此。大部分的植物从空气、水和阳光中合成自己的养料，它们利用这些养料来生长枝叶，开花结果。而这些叶子和果实则会成为人类和动物所需要的食物。

生长之最

这些美洲红杉是世界上最高大的生物，它们可以从一个小小的种子生长成高达110米的树木。

植物产品

植物所提供的原料能够制作出很多有用的物品，例如棉花制成了衣服，树木制成了纸张。

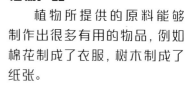

新芽待放

把一些正在发芽的枝条插入水中，不久之后，花与叶就会从萌芽中生长而出。图中的是马栗树的枝条。

机体鲜活

所有生物都是由许多微小的组成部分——细胞所构成，你可以在放大镜的帮助下来观察植物的构造。上图是一张被放大的苔藓。

食用植物

植物的生长直接给予了我们食物，诸如图中的这些水果和蔬菜。而饮食产品中，比如面包和糖，同样也是由植物提供的原料制作而成。

49 萌芽的条件

种子似乎是没有生命的，但它们却可以突然间活跃起来并生长成为植物。水、空气中的氧气及温暖的环境都是种子发芽所需要的，那么就让我们用实验来观察萌芽的过程吧！

你需要准备

一罐水　　　水碗

纸巾　　　绿豆　　　三个深一点的小碟子

1. 将绿豆在水中浸泡一个晚上。

2. 把纸巾铺在每个碟子上。若是纸巾太大的话就对折一下。

3. 在第一个碟子的纸巾上倒一点水来让其变得湿润。

4. 在每一个碟子的纸巾上都撒下一些绿豆。

5. 在第二个碟子上倒下足够多的水，直到盖过豆子。

每天都要加水，以保持绿豆浸没在水中。

水下的豆子开始了生长，但因为水阻挡了空气所以导致豆子的生长出现了停滞。

为了保持纸巾湿润，要在必要的时候适当地补水。

没有接触到水的豆子并未开始生长。

6. 将三个碟子在温暖的环境下放置几天，你会发现只有第一个碟子里的豆子真正地开始了生长。

这些豆子能够顺利地生长是因为它们从潮湿的纸巾那里获得了水分，从空气中获得了氧气，又能够身处于温暖的环境之下。

生长的庄稼

农民将农作物的种子播撒在土地上。种子需要水才能够发芽，幼苗同样也需要水才能够生长。如果没有雨水，就需要人工给水。为农作物补水的工作被称为"灌溉"，而图中的庄稼就正在被灌溉。

50 观察植物生长

大部分植物的生命历程始于地表之下，从落进土壤的种子开始，逐渐地生长而成。有一种方法可以观察到这一切是如何在肉眼不可见的地下发生的。你可以在玻璃罐中培养豆类植物的种子——豆子，并清晰地观察到它的生长。

你需要准备

一壶水　　干豆子　　吸墨纸或纸巾　　高玻璃罐

先把豆子用水泡一天。

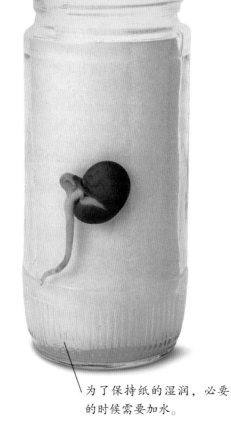

为了保持纸的湿润，必要的时候需要加水。

豆子首先使用的是自身储存的养料，而后就要利用阳光来制造新的养料。

1. 把吸墨纸卷起来塞进玻璃罐里，把豆子放置在纸和罐子之间。将吸墨纸弄湿，然后把罐子放在温暖的环境之下。

2. 几天后，豆子上出现了一条向下生长的根，它正在搜寻着生长所需要的水。

3. 豆子上出现了向上生长的绿色嫩芽。新芽在寻找阳光，这样它才能继续生长。同时，更多的根也冒了出来。

根总会朝下生长

把豆子放在水中浸泡一天，然后插入一根铁丝（需要成年人的帮助），再把铁丝固定在盖子上。先在罐中放入一些潮湿的棉绒，再放进豆子并盖好盖子。把罐子立好放几天，直到豆子出现向下生长的根。然后将罐子倒置起来，让根朝向上方。一段时间后，你会发现根改变了方向并再次开始向下生长。

豆子被倒置后，根还是会向下生长。

51 植物迷宫

让一株植物找到穿越迷宫的道路！这个实验能证明阳光对于植物的生长有多么的重要。阳光，就意味着养料。

你需要准备

剪刀

豆角种子

两张卡片　　一壶水　　有肥料的花盆　　长纸板箱

1. 👥 在盒子的一头剪出一个大天窗。

2. 👥 在每个小卡片上剪出一个窗口。

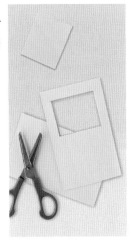

3. 在花盆中种下种子并浇水。

种子在种下之前先要浸泡一天。

4. 把花盆放在盒子的底部，然后在花盆的上方摆放并固定住一张卡片。

5. 盖上盒子的盖子，然后把盒子放在一个温暖明亮的地方。

6. 在豆子开始生长之后再摆放上第二张卡片，然后再盖上盒子的盖子。

7. 每隔几天就要查看一次，你会发现生长中的豆子会弯曲自己来穿过窗口，而这一切都是为了获得阳光。

新生的植物通常会朝着光源的方向生长。

高大的树

对于生长在茂密丛林中的植物来说，是否能够获得足够多的阳光是一个必须要面对的问题。有很多的树木会生长得非常高大，并以此来与其他的植物竞争阳光。这些树的枝叶遮挡住了阳光，导致了下方森林的光线相当昏暗，不过种类较矮的树和灌木则早已习惯了这样的环境。

52 枝叶成株

不是只有种子才可以生长成为一株植物,你可以使用被剪下的枝条来进行种植。这种培养植物的方法被称作"扦插",被扦插的部分能够自己生长出完整的根系。

你需要准备

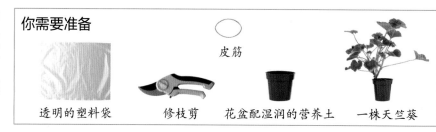

皮筋

透明的塑料袋　　修枝剪　　花盆配湿润的营养土　　一株天竺葵

1. 请一位成年人帮助你剪下植物侧面的嫩枝。嫩枝上应该有叶子,但不能有花。

2. 将被剪下的嫩枝种进花盆里,用塑料袋盖住。

用皮筋把塑料袋封住。

3. 几周之内,嫩枝就会长成一株新的天竺葵,而在这个过程中你必须要让营养土保持湿润。

53 植物冒泡泡

植物需要光来合成其所需要的养料,而在这个过程中还会产生氧气。植物制造的氧气进入了水和空气中,这样一来其他的生物才能够获得氧气,生存下去。让我们用实验来进行证明。

你需要准备

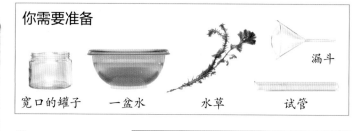

宽口的罐子　　一盆水　　水草　　试管　　漏斗

1. 将罐子、水草、漏斗和试管一同浸入水盆中。然后在水下将它们按照图片所示的样子组合起来。当你在水中移动它们的时候,要注意试管里的水应该保持全满。

水草产生的氧气上升到了试管的顶部。

2. 把罐子放在阳光下,你会发现水草开始冒泡泡了!

生命与氧气

水下的绿色植物向水中释放的氧气对于水族馆而言非常的重要,因为各种鱼类会呼吸这些氧气。在另一方面,陆地上的绿色植物则会将氧气直接释放到空气中。植物利用阳光来合成养料与氧气的这一过程被称为"光合作用"。

54 验证植物的养料

植物在它们的叶子中合成其所需要的养料,这种养料被称为"淀粉",有了它植物才能够生长。让我们使用天竺葵的叶子来进行测试,验证养料的存在。

你需要准备

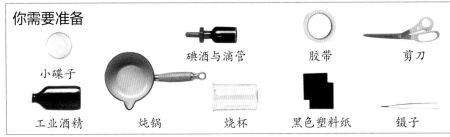

小碟子　　　碘酒与滴管　　　胶带　　　剪刀

工业酒精　　炖锅　　烧杯　　黑色塑料纸　　镊子

阳光不能穿过黑色的塑料纸。叶子会用尽它内部的淀粉,并无法继续合成新的淀粉。

1. 用黑色塑料纸遮挡住部分叶子,再用胶带固定住,然后把整株天竺葵放到明亮的地方。两天后,取下一片被遮挡过的叶子和一片未被遮挡过的叶子。

2. 加热锅中的水,同时也烫热烧杯中的酒精。把两片叶子在热水中浸过后再放入酒精之中。

在滚烫的水和酒精中浸过的叶子被去除了叶绿素,所以变成了白色。

3. 现在,叶子几乎已经变成了白色。滴上碘酒,未被遮挡过的叶子变成了深色,而被遮挡过的叶子则没有变化。

让叶子呈现出绿色的这种物质叫作"叶绿素",它能够帮助叶子合成淀粉。

这是被遮挡过的叶子,其中已没有淀粉的存在,所以并没有在滴下碘酒时变为深色。

这是一片没有在实验中被使用的绿色叶子,所以其依然含有叶绿素。

这是没有被遮挡过的叶子,滴下的碘酒将它内部的淀粉变成了深深的蓝黑色。

55 培养霉菌

真菌是一种不会产生种子的植物，它们会生成并向空气中释放数千个微小的被称为"孢子"的小颗粒，并以此来代替种子的作用。一旦孢子着陆，它们就会生长成新的真菌。霉菌就是典型的真菌，你可以在家中利用一些多余的食物来培养霉菌。

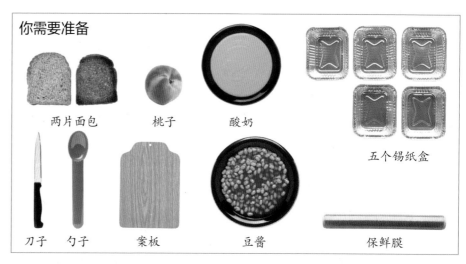

你需要准备

两片面包　桃子　酸奶

五个锡纸盒

刀子　勺子　案板　豆酱

保鲜膜

你可以用其他的水果来代替，但霉菌在水分较多的水果中生长得更为迅速，比如橘子和桃子。在水分较少的水果中则会生长得比较缓慢，例如香蕉。

1. 在案板上小心地把桃子切成几瓣，然后放进第一个锡纸盒中。

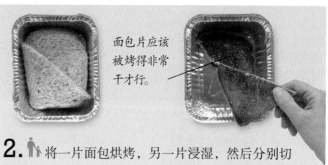

面包片应该被烤得非常干才行。

2. 将一片面包烘烤，另一片浸湿，然后分别切成两半。把被浸湿的面包片放进第二个锡纸盒中，干面包片放进第三个锡纸盒中。

3. 用勺子把豆酱放进第四个锡纸盒，酸奶放进第五个。

湿的面包片与干的面包片要保持分离。

湿面包片　　干面包片

要确保锡纸盒被裹紧。

4. 把所有的锡纸盒都用透明的保鲜膜裹起来，然后在温暖的环境下放置几天。每一天都要对锡纸盒进行检查，来观察食物是否产生了变化。

桃子　　豆酱　　酸奶

制作孢子印

蘑菇是菌类植物。新的蘑菇是由孢子生长而来，而这些孢子则是由成熟的蘑菇所播撒。你可以通过制作孢子印来了解孢子到底是如何从蘑菇上掉落的。找两个底部为深色的平蘑菇，去掉下面的茎，底部向下放在一张白纸上。一两天后，当你拿起蘑菇的时候，就会发现它们在纸上留下了深色的、由粉末组成的图案。

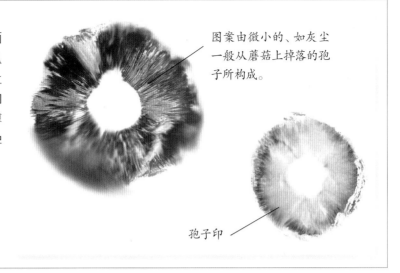

图案由微小的、如灰尘一般从蘑菇上掉落的孢子所构成。

孢子印

5. 尽管你看不到它们，但事实上空气中微小的霉菌孢子早就已经在食物被密封之前落在了上面。几天之后，随着那些微小孢子的生长，霉菌就出现在了食物之上。不同食物上的霉菌生长速度也不尽相同。你同时也会发现，不同的食物上霉菌的颜色也有着区别。

在被浸湿过的面包片上，潮湿和温暖的环境有助于霉菌的培养，所以它们生长良好。

霉菌需要潮湿的环境才能生长，所以烘烤过的干面包片上没有霉菌出现。

湿面包片

干面包片

实验后一定要将霉变的食物扔掉。要先戴上烹饪手套，不可以直接用手拿起锡纸盒。

桃子

豆酱

酸奶

感知力

感知力就是你的视觉、听觉、嗅觉、味觉及触觉的能力。你的感知力让你能够感受到周围的世界，让你能够做想做的事情，让你能够生存下去。比如，视力会令你看到前面的情况并帮助你选择应该走的道路。

手语

手语是一种与失聪的人进行"交谈"的方式。丧失听力的人们可以使用他们的视觉能力来了解别人所说的"话"。

感官刺激

我们所感知的事物可以让我们体会到兴奋与快乐，就像演唱会中看到的闪烁灯光和听到的热烈音乐。

感知力集中

比赛会让视觉、听觉和触觉全部都进入高度集中的状态。优秀的选手会非常好地利用起这些感知力，对所看到的、所听到的及其他选手的动作做出迅速的反应，还能够准确地传出球去。

秀色可餐

我们会利用视觉和触觉来帮助自己挑选优质的食物，就如图中所示。然后我们就会使用嗅觉和味觉来享受吃掉它们的过程。

56 耳朵的工作原理

当声音进入耳朵时会被转变为一种信号，这种信号由大脑接收后你就听到了声音。制作一个耳朵的模型，你可以通过它来了解耳朵工作的原理。

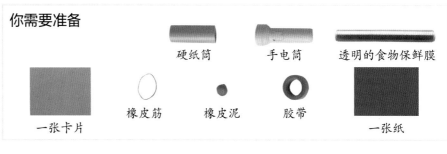

你需要准备

硬纸筒　手电筒　透明的食物保鲜膜

一张卡片　橡皮筋　橡皮泥　胶带　一张纸

1. 展开保鲜膜，用它包住硬纸筒的一头，然后再用皮筋绑起来进行密封。

塑料保鲜膜必须平整。

2. 把纸卷成锥形，然后再用胶带固定住这个形状以免散开。

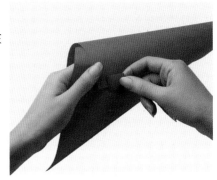

3. 将圆锥形纸卷的尖头插进硬纸筒中，再用胶带固定好。

4. 把卡片立在桌面上，硬纸筒则放置在卡片的前方。用手电照射纸筒的塑料膜，这样就会有光的斑点出现在卡片上。

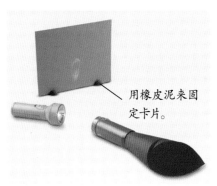

用橡皮泥来固定卡片。

耳朵内部

当声音进入耳朵后耳膜就会震动起来，同时也带动了耳小骨的震动。震动传达到内耳并被转变为信号，之后再通过耳神经抵达大脑。

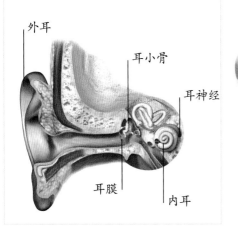

外耳
耳小骨
耳神经
耳膜
内耳

卡片上的光斑是由塑料薄膜所反射的，当薄膜震动时，光斑也会同样地震动起来。

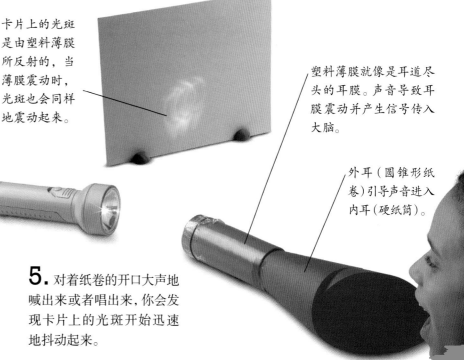

塑料薄膜就像是耳道尽头的耳膜。声音导致耳膜震动并产生信号传入大脑。

外耳（圆锥形纸卷）引导声音进入内耳（硬纸筒）。

5. 对着纸卷的开口大声地喊出来或者唱出来，你会发现卡片上的光斑开始迅速地抖动起来。

57 眼睛的工作原理

用放大镜和鱼缸制作一个眼睛模型，在实验中用其模拟肉眼的成像过程，展现出视觉的运作原理。

你需要准备

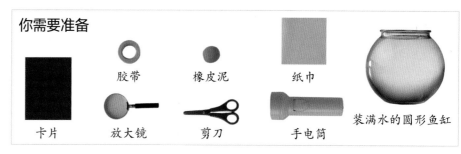

胶带　　橡皮泥　　纸巾

卡片　　放大镜　　剪刀　　手电筒　　装满水的圆形鱼缸

1. 用胶带把纸巾粘在鱼缸的一边。

2. 用橡皮泥将放大镜固定在鱼缸另一边的前方，对着纸巾的方向。

3. 对折卡片，然后剪出半个卡通人形。

4. 把剪好的卡片打开，固定在放大镜的另一边。

进入眼睛

眼睛的正中有一个被称为"瞳孔"的洞，光线正是从此处进入眼睛。瞳孔会改变自己的大小来控制进入眼中光线的数量。如果环境昏暗，瞳孔就会扩张得更大来让更多的光线进入。

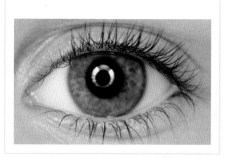

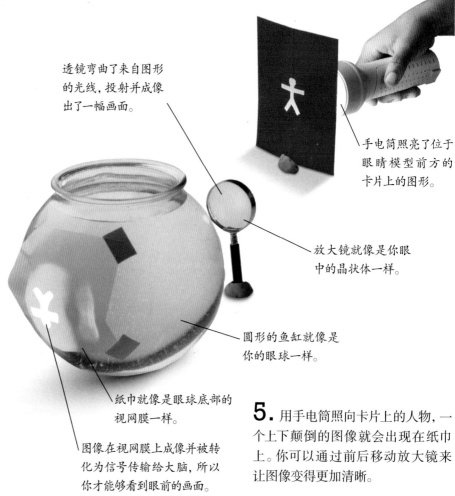

透镜弯曲了来自图形的光线，投射并成像出了一幅画面。

手电筒照亮了位于眼睛模型前方的卡片上的图形。

放大镜就像是你眼中的晶状体一样。

圆形的鱼缸就像是你的眼球一样。

纸巾就像是眼球底部的视网膜一样。

图像在视网膜上成像并被转化为信号传输给大脑，所以你才能够看到眼前的画面。

5. 用手电筒照向卡片上的人物，一个上下颠倒的图像就会出现在纸巾上。你可以通过前后移动放大镜来让图像变得更加清晰。

58 让两幅图像合二为一

用一个小把戏骗过你的眼睛，让它误以为卡片正反两面上的两幅图像合为了一幅。这个实验展示了电视和电影中的动态画面能够自然连贯的原理。

你需要准备

两条皮筋　剪刀　圆规　彩笔　白色卡片

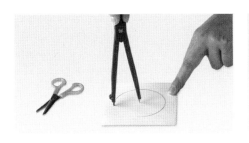
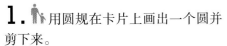

1. 用圆规在卡片上画出一个圆并剪下来。

2. 在剪下的卡片上画出一个圆形，然后对称地在两侧各穿出一个洞。

3. 把卡片翻过来，在这一面上画下一个十字形。

4. 把两条皮筋分别穿过并系在卡片的两个洞上。

5. 两手握好皮筋，然后通过不断地翻转卡片来扭曲并绷紧皮筋。

当你所看到的物体消失后，它的图像会在你的眼中保留一小段时间。

由于这张卡片翻转的太快，所以上面的圆形和十字形的图像重叠在了你的眼中。

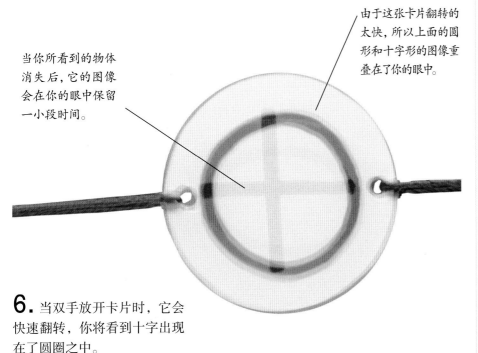

6. 当双手放开卡片时，它会快速翻转，你将看到十字出现在了圆圈之中。

移动的画面

电影是由一大长串静止的画面所构成的，每一张画面的图像都与前一张略有不同，这些图像会一张接一张地快速出现在银幕之上。当在观赏电影时，你的眼睛不会看到每一张独立的图像，而是会看到重叠在一起的活动起来的画面。

59 制作一个摇摆探测器

两只眼睛的存在能够帮助你很好地判断距离。通过摇摆探测器的实验，你就会发现拥有两只眼睛到底有着多么大的意义。若是闭上一只眼睛，在实验中你就会出现难以自抑的游移不定。

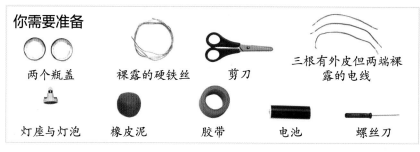

你需要准备

两个瓶盖　　　裸露的硬铁丝　　　剪刀　　　三根有外皮但两端裸露的电线

灯座与灯泡　　　橡皮泥　　　胶带　　　电池　　　螺丝刀

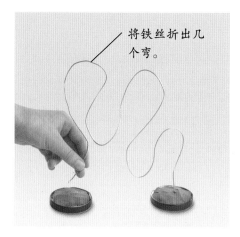

将铁丝折出几个弯。

1. 使用橡皮泥将铁丝的两头固定在两个瓶盖上。

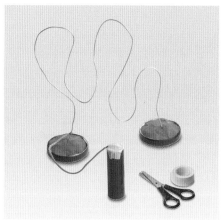

2. 用一条电线将铁丝的一端与电池连接起来。

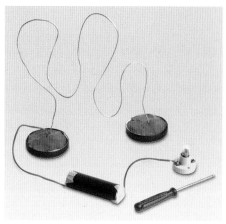

3. 用第二根电线将电池的另一端与灯座相连接。

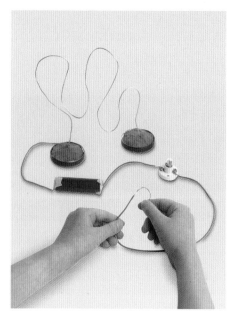

4. 将最后一根电线的一端连接在灯座上，然后再把另一端绕成一个圈。

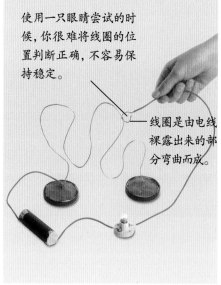

使用一只眼睛尝试的时候，你很难将线圈的位置判断正确，不容易保持稳定。

线圈是由电线裸露出来的部分弯曲而成。

5. 用弯好的线圈围住铁丝，然后试着在不互相接触的前提下让线圈沿着铁丝移动。先用双眼尝试，再用单眼尝试，你觉得哪种方式更容易一些呢？

望向前方的大餐

猫头鹰有两只看向前方的大眼睛，它们能够帮助其判断猎物的位置。同猫头鹰一样，你也在利用双眼来判断一个物体的距离远近。你的大脑会将两只眼睛所提供的不同图像结合起来并得出结论。

60 听觉互换

声音会从四面八方向你传导过来，而你的两只耳朵则能够帮助你辨别这些声音的方向。通过实验来让声音从不正确的方向传导过来，混淆你的听觉。

你需要准备

两个塑料漏斗

胶带

绝缘胶带

两根长塑料管

布

长木条

把布固定在每根管子的末端。

来自左边的声音却传到了右边的耳朵里。

1. 👨‍👦 参考图片所示，将两根管子接上漏斗，然后绑在木条上。接下来把两根管子的另一端放在靠近耳朵的地方。一定不要把它们使劲地往耳朵里塞。

2. 请你的朋友在旁边走一走，弄点儿声音出来。你会发现，这些声音似乎来自与朋友相反的方向！

听声辨向

蝙蝠利用它的听力在黑暗的环境下为自己导向。当它飞行的时候会发出人类的耳朵几乎无法听到的超声波。这些声波会被附近的物体反射并传回到蝙蝠的耳朵里，而蝙蝠就会利用这些被反射回来的声音定位周围的物体，并找到它要狩猎的昆虫。

61 味觉测试

如果进行过味觉测试，你就会发现不仅仅是嘴能够让你区分开不同的味道，你的嗅觉也起到了相当重要的作用。

你需要准备

三个小玻璃杯

三种不同类型的纯果汁

大杯水

围巾

1. 请一位朋友用围巾蒙住你的眼睛，然后依次品尝三种果汁。你会发现很容易就能辨认出它们的味道。

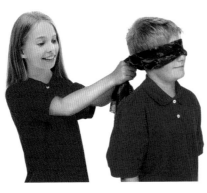

在两次尝试之间要用清水漱口。

现在再去品尝，不同果汁则有了相似的味道。

2. 捏住鼻子，然后再次去品尝果汁。而现在要去辨认出是哪种果汁就变得困难多了！

62 触觉测试

当有什么东西触碰到你的皮肤时你立即就会有所感知，但是也许你并不能够就此得知它的形状或尺寸。制作一个触觉测试器来弄清楚你到底能够感知到多少的内容。

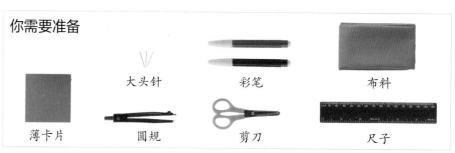

你需要准备

大头针　彩笔　布料

薄卡片　圆规　剪刀　尺子

1. 用尺子和圆规在卡片上由外向内画出三个圆。

圆的直径分别为3厘米、6厘米和9厘米。

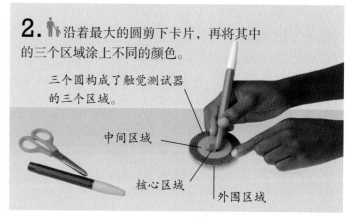

2. 沿着最大的圆剪下卡片，再将其中的三个区域涂上不同的颜色。

三个圆构成了触觉测试器的三个区域。

中间区域

核心区域

外围区域

3. 请你的一位朋友用布蒙住你的眼睛。

4. 让你的朋友来把一些大头针插在卡片的核心区域之中。

要确保大头针的头处在同一高度。

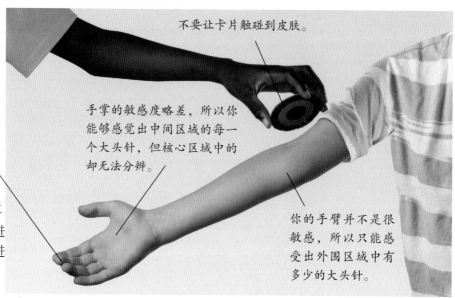

你的指尖非常敏感，可以感觉出核心区域中每一个大头针的存在。

不要让卡片触碰到皮肤。

手掌的敏感度略差，所以你能够感觉出中间区域的每一个大头针，但核心区域中的却无法分辨。

5. 请你的朋友来帮忙，把大头针头轻轻地压在你的手臂上，这时你能感觉出多少个大头针的存在呢？然后再将大头针换到中间区域和外围区域上进行实验，最后还要对你的掌心和手指进行测试。

你的手臂并不是很敏感，所以只能感受出外围区域中有多少的大头针。

63 测试你的反应时间

当你在突然间需要采取一些行动的时候，所有的感官都需要参与协作。在某些情况下你需要做出非常迅速的反应，就让我们用这个实验来看看你的反应速度到底有多快吧。

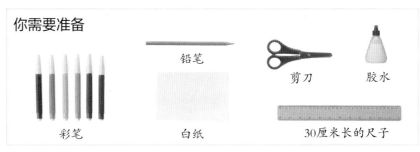

你需要准备

铅笔

剪刀　胶水

彩笔　白纸　30厘米长的尺子

1. 在白纸上围着尺子画一圈，然后剪下这个纸条并标记出六段相等的区域。

2. 将这六个区域涂上不同的颜色，然后用胶水把纸条粘在尺子上。

3. 请你的一位朋友在上面拿住尺子的一端，而另一端则在下面处于你的大拇指与食指之间。

让你的大拇指与食指保持1厘米的间距。

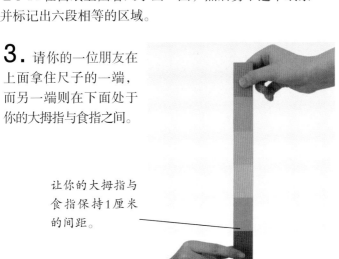

4. 突然间，你的朋友松开了尺子，而你要试着抓住它！当尺子被抓住时，相应位置的颜色就是你的反应时间，即感知与行动之间的耗时。

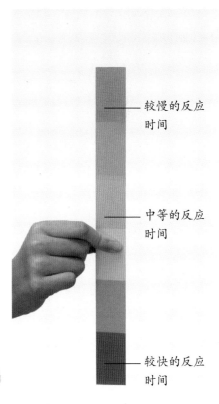

较慢的反应时间

中等的反应时间

较快的反应时间

蓄势待发

当一只小猫看到有东西在移动时，它会立即蹿跳并追逐上去，就像大猫在追逐猎物一般。动物通常都能够做出非常迅速的反应，因为它们需要这样的能力来捕猎食物，或者是逃脱敌人的追捕。

声音与音乐

自然环境中充斥了各种各样的声音，它们时时刻刻地环绕着我们。这其中不乏悦耳的声音，比如鸟儿的鸣唱和水波的轻拍；而可怕的声音当然也存在，比如下雨时的雷声；在生活中，我们会发出声音来交谈，会聆听音乐并享受其所带来的快乐；当然，还会有警铃这样的声音来提醒我们危险的存在。世界上虽然有这么多种不同的声音存在，但它们都不过是空气中的一种震动而已。

声音信号

我们通常会使用声音作为信号。在比赛中吹响哨子意味着"开始"或者是"停止"。

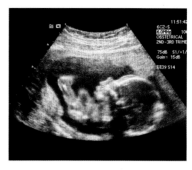

声音成像

这是一张还未出生的胎儿照片——在妈妈的肚子里！这张照片是通过所谓的"超声波"这种特殊的声音来拍摄的。

声音的速度

当一个气球爆炸时你立即就会听到"砰"的一声，这是因为声音非常快地就从气球那里传到了你的耳朵里。声音每秒钟能移动340米——比大部分的客机还稍快一些。

海洋的声音

很多动物都会用声音来互相交流。鲸的声音就像是在"歌唱"，它们的歌声能够在水下传播得很远。

创造音乐

音乐非常的美妙，无论是欣赏、弹奏还是演唱都乐趣十足。你可以使用自制的乐器来演奏出动听的音乐，就像这只小鼓。书中第80页的实验"69"会告诉你如何去制作这样的一只小鼓。

64 声音显形

声音的出现是因为一个物体在快速地"震动"或是抖动，这会导致其周围的空气产生共振。空气震动被称为"声波"，声波能够在空中传播，当它到达你的耳朵时，你就听到了声音。通过实验来观察声音是如何令空气产生震动的。

你需要准备

皮筋　　塑料碗　　大汤锅　　塑料膜

生米粒　　剪刀　　大勺子　　胶带

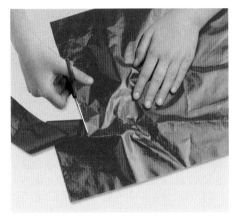

1. 将塑料膜修剪成略大于碗口的尺寸。

2. 将塑料膜展开在碗口上，然后用皮筋扎住并绷紧。

要尽可能地将塑料膜绷紧。

3. 将塑料膜松散的边缘用胶带紧紧地粘在碗上。

4. 在绷起来的塑料膜上撒下一些米粒。

当你在敲击的时候，汤锅会震动起来并产生声波。

声波通过空气到达塑料膜表面并使其震动。

5. 把汤锅拿近碗口，然后用勺子敲击锅底，你会发现米粒在上下跳动。

接收震波

这张图片展示了一个正在倾听音叉的男孩。音叉会产生声波，如果你能够看得到空气中震动的音波的话，那它们的样子看起来就会像是图中蓝色的曲线一般。当你听到声音的时候，说明每一秒会有数千条这样的震波到达你的耳朵。

米粒会在塑料膜震动的时候上下跳动，你可以在侧面更清楚地观察到这个现象。

65 制作声波枪

声波不断地冲击着你的耳朵——尽管你并不会感觉到什么异样。响亮的声音能够让物体移动，让我们用声波枪来验证这个现象吧。

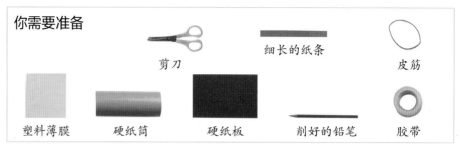

你需要准备

剪刀　　细长的纸条　　皮筋

塑料薄膜　硬纸筒　硬纸板　削好的铅笔　胶带

1. 在纸板上围着纸筒的边缘画下一个圆圈。

2. 剪下画出的圆圈。

3. 用尖尖的铅笔头在圆纸板的中心戳出一个小洞。

4. 用胶带将圆纸板固定在纸筒的一头。

5. 用皮筋将塑料薄膜绷在纸筒的另一头上。

6. 折一下纸条，然后用胶带将其固定在桌面上。

滑落的雪

声音能够导致"雪崩"的发生，也就是积蓄的冰雪从山侧崩落。一个足够大的声响所产生的声波扰乱了积雪的稳定，导致其松动并开始滑落。

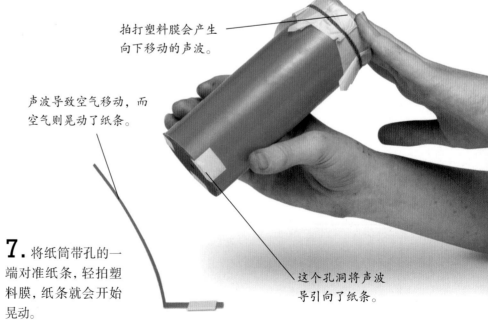

拍打塑料膜会产生向下移动的声波。

声波导致空气移动，而空气则晃动了纸条。

7. 将纸筒带孔的一端对准纸条，轻拍塑料膜，纸条就会开始晃动。

这个孔洞将声波导引向了纸条。

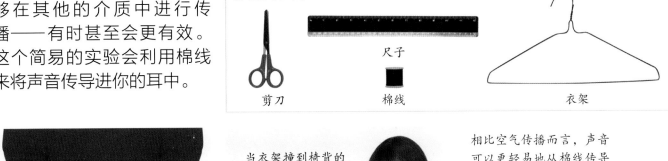

66 制作一个叮当响的衣架

不只是空气，声波也能够在其他的介质中进行传播——有时甚至会更有效。这个简易的实验会利用棉线来将声音传导进你的耳中。

你需要准备

剪刀　　尺子　　棉线　　衣架

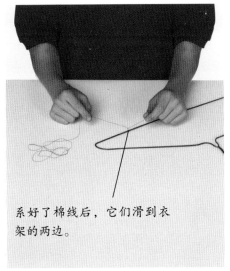

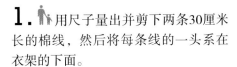
系好了棉线后，它们滑到衣架的两边。

1. 用尺子量出并剪下两条30厘米长的棉线，然后将每条线的一头系在衣架的下面。

2. 将两条棉线分别缠绕在两手的食指上，然后抬起双手吊起衣架并让其对着椅背摇摆。要仔细地听它碰撞的声音。

当衣架撞到椅背的时候，会发出温和又清晰的声音。

相比空气传播而言，声音可以更轻易地从棉线传导进你的耳中。

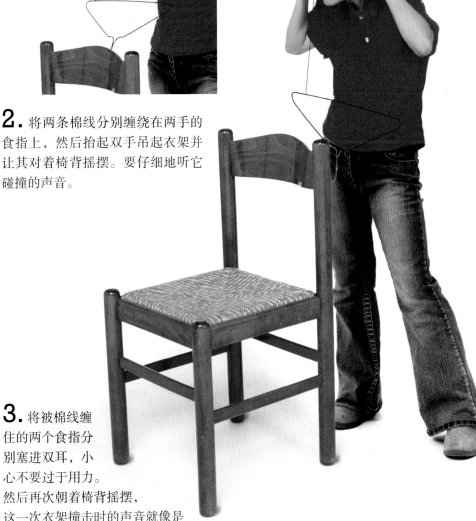

脑中的声音

借助桌子来敲响音叉，然后将音叉的底部轻轻地压在头上，你会发现听到的声音一下子变大了许多！就像上面实验中的棉线一样，头颅中的骨骼对声音的传导要远远优于空气对声音的传播。

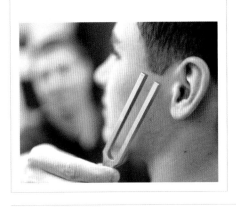

3. 将被棉线缠住的两个食指分别塞进双耳，小心不要过于用力。然后再次朝着椅背摇摆，这一次衣架撞击时的声音就像是敲击一口大钟时的声响一样！

67 反射声音

有时候你所听到的声音并不是直接朝着你发出的。让我们用实验来了解这个现象，看看声波在其他物体上第一次反射后，又是如何到达你的耳中的。

你需要准备

嘀嗒响的手表　　两个纸筒　　盘子　　软木垫　　几本书

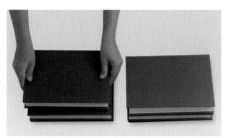

1. 将书堆成高度相同的两摞。

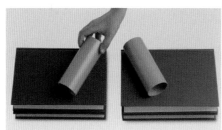

2. 在每摞书上放一个纸筒。

3. 把手表拿近耳朵听听它是不是在嘀嗒作响。

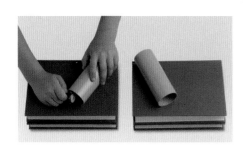

4. 把手表放进其中一个纸筒里。

声波沿着纸筒前进直达盘子的表面。

声波会在硬的盘面上反射，然后再沿着另一个纸筒传进你的耳朵。

5. 在另一个纸筒的开口那里倾听，不过你却听不到任何手表嘀嗒的声音，而直到你的朋友在对面竖起一个盘子之后，嘀嗒声才响了起来。

动听的声音

在音乐厅中，舞台上发出的声音会在墙壁上进行反射，这有助于提高听众所欣赏到的音乐质量。

声波会在墙面上反射。

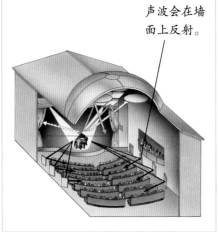

6. 让你的朋友把盘子换成软木垫，你会发现声音又一次消失了。

软木垫吸收掉了所有的声波。

68 折响纸

仅仅借助于一张纸就可以制造出一声巨响！响纸能够产生迅速而又大量的空气流动，形成爆发力十足的声波。这种空气的急流向你直冲而来，让你听到"砰"的一声。

你需要准备

一张硬纸，长40厘米，宽30厘米。

在此处对折

1. 将纸的两个长边对折，再展开。

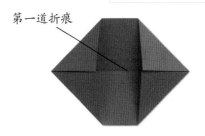

第一道折痕

2. 四个角向内折叠，与第一道折痕对齐。

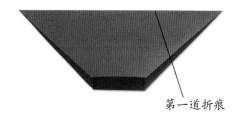

第一道折痕

3. 再次从第一道折痕的位置对折，然后竖着左右对折。

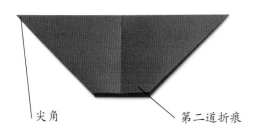

尖角　　第二道折痕

4. 将左右的对折展开。

5. 将两个尖角折向下方，与第二道折痕对齐。

6. 沿着第二道折痕反向折叠过去，使之形成一个三角形。

电闪雷鸣

一道闪电加热了它沿途的空气，导致了这些空气在瞬间剧烈地膨胀。这个过程会在空中产生一个强有力的声波，而这个声波就是我们所听到的雷鸣。

一部分纸从内侧弹出并导致了空气突然间的流动。这个过程就是你所听到的"砰"的一声。

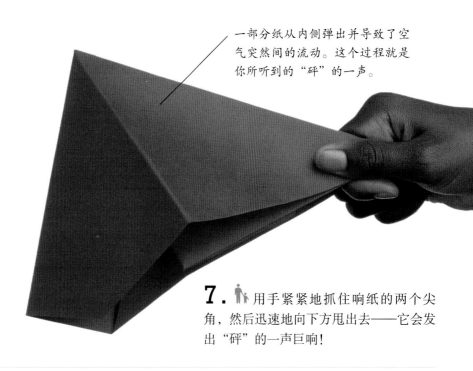

7. 用手紧紧地抓住响纸的两个尖角，然后迅速地向下方甩出去——它会发出"砰"的一声巨响！

69 敲敲鼓

制作一个铁皮鼓和一个手鼓。虽然它们会发出不同类型的声音，但是它们发声的原理是相同的。当你敲击鼓面的蒙皮时，它会开始震动，这同时也带动了鼓身内部的空气一同震动，而声音在此时就会立即出现。

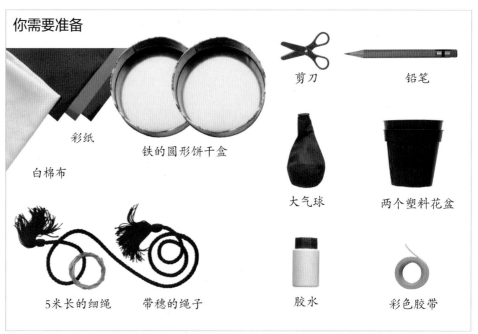

你需要准备

彩纸

白棉布

铁的圆形饼干盒

剪刀

铅笔

大气球

两个塑料花盆

5米长的细绳

带穗的绳子

胶水

彩色胶带

1. 用彩纸把铁盒装饰漂亮，然后用胶带把粗绳牢牢地固定在铁盒的左右两侧。

2. 剪掉气球的吹气口，然后把剩余的部分套在铁盒的口上，绷紧并用胶带固定。这时铁皮鼓就准备完毕了。

3. 将花盆倒扣在棉布上，围着盆口分别画出两个圆圈。然后，在这两个圆圈之外要分别再画出两个更大的圆圈。

4. 用彩纸装饰花盆，然后用胶带将两个花盆底部相连地缠在一起。

5. 将画好的一对大圆布剪下，然后沿着外圆，以第二个圆为止，挨着剪出一瓣一瓣的布条。

6. 将布条向内反折并用胶水粘住。然后再用铅笔在布条上贯穿出16个小洞。

7. 用细绳将这些洞穿起来，然后分别环绕在两个盆口的四周，拉紧，系好。

8. 用其余的细绳穿过并环绕圆布边缘的细绳，上下拉紧，系好。

9. 将胶水均匀地涂在两块圆布的表面，再次拉紧细绳。当胶水晾干后，手鼓就制作完成了。

胶带固定住了气球，使其能够保持紧绷。

拉紧绳子能够让棉布的表面更加紧绷，鼓声更加清脆明亮。

正方形的彩纸与条形的胶带

不要对手鼓的蒙皮敲击得太过用力，它们可能会裂开或是出现破洞。

10. 将铁皮鼓的绳子绕在你的脖子上，用像铅笔一样的小棍来敲响它。把手鼓夹在你的胳膊下面或是膝盖之间，用手指来敲响它。

架子鼓

图中展示的是乐队鼓手所使用的标准架子鼓。鼓手会用鼓槌来敲击这些尺寸不一的鼓，还会通过踏板来敲击地面上的大鼓。当然，吊镲也是必不可少的。

70 敲奏木琴

使用铅笔来自制一架木琴。当你敲击琴身上的铅笔时，它会震动并发出乐音。

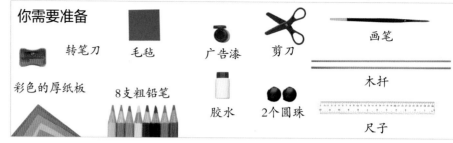

你需要准备

转笔刀　毛毡　广告漆　剪刀　画笔

彩色的厚纸板　8支粗铅笔　胶水　2个圆珠　木扦　尺子

1. 将纸板做成下图的形状并组装成框架，然后沿着锯齿粘上毛毡，再涂上颜色。

2. 用转笔刀调整铅笔的长度，然后将铅笔放在框架上。

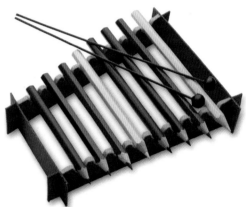

3. 用木扦和圆珠制作出两个击槌，然后就可以用它们来演奏你的铅笔木琴了。

将两侧的纸板做成这个形状，长度为21厘米。

将较宽一头的纸板做成这个形状，长度为15厘米。

图片的尺寸要小于制作时所需的实际尺寸，要按标注的尺寸进行测量制作。

将较窄一头的纸板做成这个形状，长度为11厘米。

71 吹奏响管

你只需要沿着开口处吹气，就能让一套响管演奏出音乐来。吹气的过程会令响管中的空气震动起来，从而产生乐音。而不同长度的响管所发出的乐音是高低不同的。

你需要准备

卡片　胶水　剪刀

彩色的胶带　1.5米左右的塑料管　彩带　橡皮泥

1. 将塑料管剪成小段，每一段都比上一段长1厘米，然后再使用彩色胶带装饰它们。

2. 用胶带把排列好的响管固定在一起，组成一套。然后用胶水把彩带与一条长卡片粘在一起，并覆盖在胶带之上。

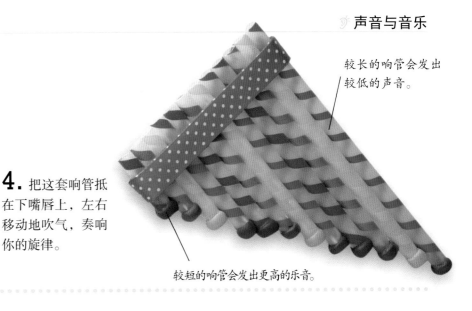

较长的响管会发出较低的声音。

3. 将橡皮泥揉成小球,然后再用它们塞住响管长短不一的那一头。

4. 把这套响管抵在下嘴唇上,左右移动地吹气,奏响你的旋律。

较短的响管会发出更高的乐音。

72 吹响号角

你可以利用软管和漏斗来做出一个号角!双唇紧闭地贴在号角的吹口,用力吹气,号角就会鸣响起来。号角的声音是由于其内部的空气出现震动所产生的。

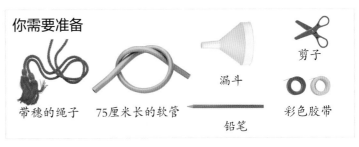

你需要准备

剪子

漏斗

带穗的绳子　　75厘米长的软管

铅笔

彩色胶带

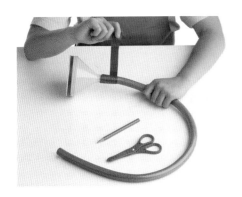

1. 用彩色胶带装饰一下漏斗,然后将漏斗接在软管的一头并用胶带固定。

2. 用胶带缠绕软管的另一头,做出号角的吹口。把软管绕一圈,然后再用胶带把铅笔与软管缠在一起进行固定。

3. 用彩色的胶带和绳子来装饰号角。现在,你的号角就准备好了。

通过吹口来吹气。

4. 号角只能发出有限的几个音调,你可以在吹奏时通过调整嘴唇的松紧程度来变换乐音。

73 制作一把班卓琴

班卓琴有四根紧绷的琴弦，需要你用手指来拨动它们进行演奏。被拨动的琴弦会快速地震动，从而产生乐音。你可以节奏感十足地扫动所有的琴弦，也可以一根接一根依次地拨奏出乐音，组成旋律。有趣的是，同一根琴弦上就会有好几个乐音来供你选择。

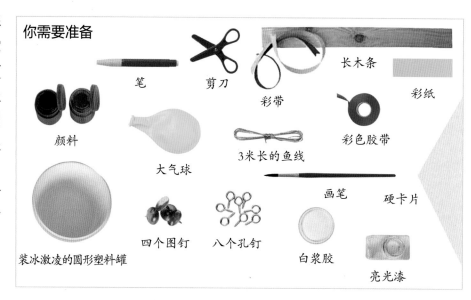

你需要准备

笔　剪刀　彩带　长木条　彩纸

颜料　大气球　3米长的鱼线　彩色胶带

装冰激凌的圆形塑料罐　四个图钉　八个孔钉　画笔　硬卡片　白浆胶　亮光漆

1. 在塑料罐边缘靠下的位置，对称地剪出两个"工"字形，其宽度要与木条末端的宽度相同。

2. 将两个"工"字形上的塑料片外翻，然后再让木条穿过，之后要用图钉将塑料片和木条钉在一起。

3. 为木条和塑料罐涂上颜料和漆。塑料罐上的颜料需要与白浆胶混合。此外还要在木条上画出一道道的音品。

4. 剪掉气球的吹气口，将剩余的部分展开并绷紧在罐口上，然后用胶带围绕四周固定。最后再画上一些你设计的图案。

5. 在木条的两端分别拧上四个孔钉，注意不要拧得太深，要确保每个孔钉都可以顺利地朝正反两个方向转动。

6. 用卡片和纸做出两个三角形的琴桥。其中一个要与木条同宽，而另一个的宽度则是木条的三倍。

7. 将剪好的鱼线作为琴弦绑在两组孔钉之上，一定要注意安全！

8. 观察图片，将两个琴桥放到琴弦的下方。转动孔钉，上紧琴弦。

9. 把不同颜色的彩带系在琴头的孔钉上，以此作为装饰。此时，你的班卓琴就准备好了！

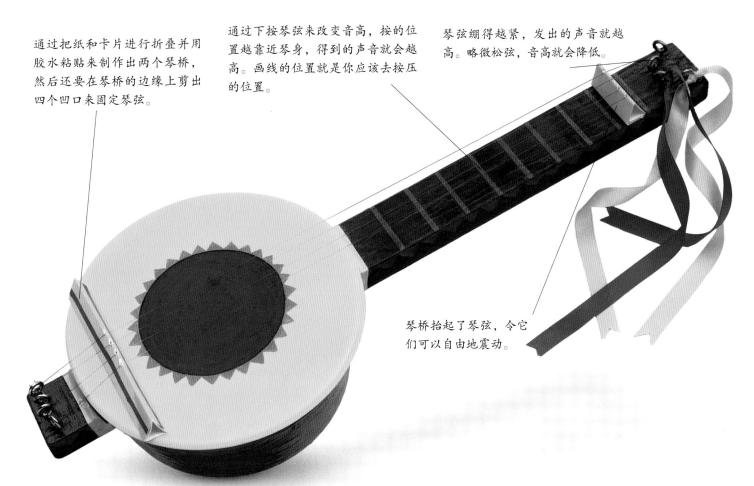

通过把纸和卡片进行折叠并用胶水粘贴来制作出两个琴桥，然后还要在琴桥的边缘上剪出四个凹口来固定琴弦。

通过下按琴弦来改变音高，按的位置越靠近琴身，得到的声音就会越高。画线的位置就是你应该去按压的位置。

琴弦绷得越紧，发出的声音就越高。略微松弦，音高就会降低。

琴桥抬起了琴弦，令它们可以自由地震动。

10. 调整琴弦的松紧程度来为班卓琴调音。调整好之后，每根琴弦都会拨奏出不同音高的乐音来。

忙碌的手指

吉他就像班卓琴一样，只不过它有六根琴弦。当你按压住吉他或班卓琴的琴弦时，就改变了能够震动的弦长，也改变了你拨奏琴弦时发出的音高。

磁体

磁体有着神秘的力量，这种力量可以把物体拉向它们，也可以把其他磁体推开。我们使用的很多机器，比如吹风机和高铁，其中的电动引擎就是由这种力量所驱动。磁体让电视机、收音机和音乐播放器的发声成为可能，而电脑则会利用磁体来进行信息的储存。

空中的光芒

地球是一个巨大的磁石，它的磁力让这些彩色的光芒出现在了靠近北极点和南极点的天空中。

磁性矿物

第一种被发现的磁性材料是被称作"天然磁石"的黑色矿物。天然磁石会吸引像曲别针这样的物体。

东西南北

你可以使用指南针来定位方向。指南针利用了地球的磁场，这会让其内部的指针一直朝向北方。

吸起，粘住

磁铁能够吸起由铁或钢所铸造的物体，这些物体会粘在磁铁的两端。

设备与磁体

你身边的许多设备其中包含磁体。如计算器、音乐播放器和耳机，而使用硬盘存储的电脑也同样如此。

飞鸽归家

鸽子总是能够找到回家的路途，一些科学家相信它们会利用地球的磁场来感知方向，就像指南针一样。

74 引"蛇"起舞，飞动"风筝"

让"蛇"蹿起，让"风筝"升到空中，这些都是利用磁铁神奇的力量来实现的。同时，你还可以了解什么样的物品可以被磁铁所吸引。

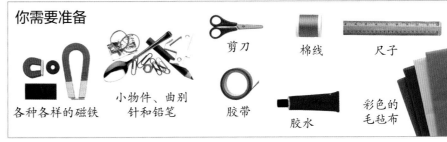

你需要准备

各种各样的磁铁　　小物件、曲别针和铅笔　　剪刀　　棉线　　尺子　　胶带　　胶水　　彩色的毛毡布

1. 把蛇的图样复制到毛毡布上，然后将蛇剪下并使用其他彩色的毛毡进行装饰。

2. 将一段棉线系在一个曲别针上，然后再将这个曲别针别在蛇的头上。

3. 用胶带将磁铁固定在尺子的一端，也要把棉线的另一头牢牢地固定在桌面上。

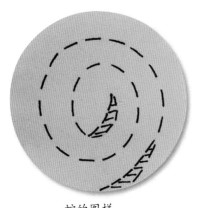

蛇的图样

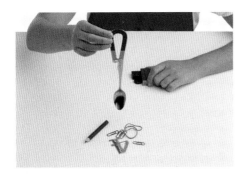

4. 拿住磁铁靠近桌面上的物体，你会看到只有那些由铁和钢制造的物品可以被吸附起来。

磁铁吸引了曲别针，所以抬高磁铁之后曲别针就拉紧了棉线。

5. 拿住尺子，让磁铁在蛇的上方到处移动。这时的蛇就会像被耍蛇人控制了一样，蹿起并舞蹈起来。如果蛇没有起立，那就要更换一块磁力更强的磁铁，或是剪短棉线的长度。试着用同样的方法做出一些其他的形象，就像这只色彩明亮的毛毡风筝一样。

75 磁力对比

磁铁之间的磁力强弱是有差别的。这个实验会向你展示测验磁力的方法及不同磁铁组合间的磁力比较。

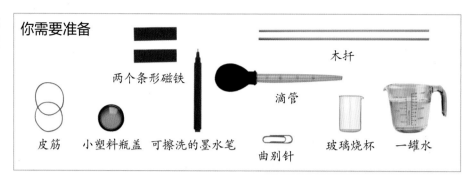

你需要准备

两个条形磁铁 　木杆　 滴管

皮筋　 小塑料瓶盖　 可擦洗的墨水笔　 曲别针　 玻璃烧杯　 一罐水

1. 用皮筋将磁铁竖着绑在两根杆子的中间。

2. 在烧杯中加入三分之一的水，然后将曲别针放入瓶盖，再把瓶盖放在水面上漂浮。

3. 将绑着磁铁的两个木杆架在杯口，要确保磁铁的底部置于塑料瓶盖的上方。

4. 使用滴管慢慢地向烧杯中加水，直到曲别针跳起并吸附在磁铁上为止。

5. 在杯壁上标记下此时的水位，然后更换成一对磁铁组合再次进行这个实验。注意要将磁铁相互排斥的磁极绑在一起。

6. 这一次实验，水位的标记会比上一次低得多。因为两个磁铁的磁力要更强，所以更低的水位就足以让曲别针被拉向磁铁。

移动的磁铁

磁力悬浮列车会利用强力磁铁和电能来进行驱动。顺着轨道延伸的电磁线圈会推动列车下方的磁铁，使列车上浮。电流在线圈中流淌，其生成的磁力会产生推力和拉力，带动列车前行。

76 磁力小汽车

你可以利用两块普通的磁铁来让一辆模型小汽车"开动"起来。因为两块磁铁之间既能够互相吸引也能够互相排斥，而这一切则是由它们互相靠近时相对应的磁极所决定的。

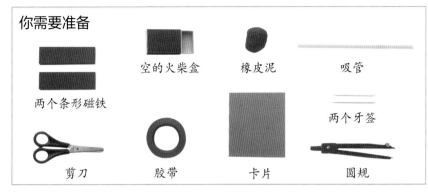

你需要准备

两个条形磁铁　空的火柴盒　橡皮泥　吸管

两个牙签

剪刀　胶带　卡片　圆规

1. 用胶带把一块磁铁牢牢地固定在火柴盒的内盒之中。

2. 将吸管剪成与火柴盒同宽的两段。

3. 用胶带将两段吸管固定在火柴盒的外盒上，然后把内盒装好。

4. 用圆规在卡片上画出四个小圆并用剪刀剪下来。

5. 将牙签穿过吸管，再固定上圆形卡片。

用橡皮泥包住牙签外露的尖

车中的磁铁会被你手中的磁铁吸引或是排斥。

6. 把火柴盒做成的小汽车放在桌面上，手拿另一块磁铁靠近它。小汽车会被磁铁拉近或是推离。

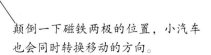

颠倒一下磁铁两极的位置，小汽车也会同时转换移动的方向。

77 探测磁场

每一个磁铁的周围，都有着一个让其施展磁力的"磁场"。在通常的情况下，磁场是无形的，但是却有一种方法让你能够观察到它。

你需要准备

三个透明的玻璃容器或塑料容器

金黄色的糖浆

铅笔　绳子

三个条形磁铁与两个马蹄形磁铁　铁屑

透明的食物保鲜膜

1. 取几勺铁屑撒入糖浆之中，仔细搅拌均匀。然后将混合后的糖浆倒进两个透明的玻璃容器或塑料容器中。

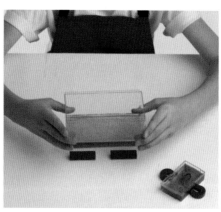

2. 把两个条形磁铁垫在其中一个容器的下方；将两个马蹄形磁铁靠在另外一个容器的左右两边。

3. 用保鲜膜包住第三个条形磁铁，然后使用绳子将其与铅笔系在一起，再吊着沉入第三个装满糖浆的容器中。

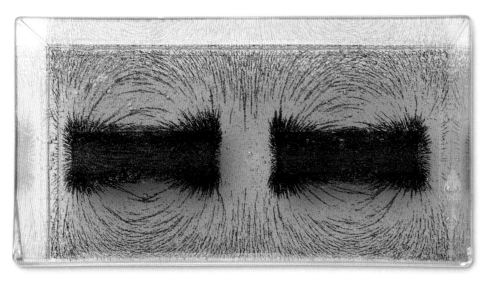

你观察到了什么？

铁屑在磁铁的磁场中组成了一个图形。这个图形展示出了磁铁施加在铁屑上的吸引力的方向。

这两个条形磁铁正在相互排斥。铁屑的图形展示出了两个互相对立的磁场是如何相互作用来保持距离的。

容器两侧的马蹄形磁铁在同时吸引着铁屑，而铁屑的图形则展示出了磁场是如何环绕在两个磁铁的两极之间的。

磁场会延伸到磁铁的四周，你可以清楚地从吊在糖浆内的磁铁上观察到这一现象。无论你如何转动它，看到的都会是同样的情景。

实验结束后一定要倒掉糖浆，千万不要去食用！

用保鲜膜包住磁铁可以让它不至于变得黏腻。

磁吸力

一块磁铁可以吸起一整串小钢球，因为磁场将这些钢球变成了一个个的小磁铁，所以它们又各自吸引了对方。

78 分离杂质

在通常的情况下，分离已经混合在一起的两种粉末是非常困难的。但如果其中一种粉末具有磁性的话，那么分离它们就非常简单了。

你需要准备

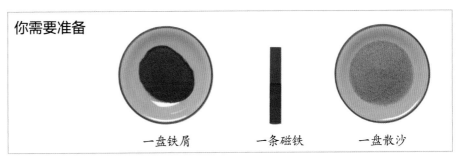

一盘铁屑　　　一条磁铁　　　一盘散沙

1. 把铁屑倒入沙子之中，用手指搅拌。

2. 持续搅拌，直到铁屑与沙子混合均匀。

3. 拿起磁铁靠近盘子，其中的铁屑会被吸起，而沙子则会继续留在盘中。

79 制作一个指南针

地球是一个巨大的磁体，它拥有着自己的磁场，而这个磁场强大到足以令其他能够自由运动的磁体转变方向，所以指南针的磁针永远会朝向北方。

你需要准备

针　　一壶水　　牙签　　胶带

塑料板　　条形磁铁　　橡皮泥　　圆规　　塑料盆

圆盘要窄于塑料盆。

1. 👫 用圆规在塑料板上画出一个圆，然后小心地把它剪下来做成圆盘并涂上颜色。

2. 将一团橡皮泥粘在塑料盆底的中央，然后再把一根牙签竖着插进橡皮泥里。

针变成了磁体。

3. 将磁铁沿着针的一端摩擦，大概三十次左右。

4. 用胶带把针固定在圆盘的表面。然后将圆盘放在牙签上，再向塑料盆中加水。

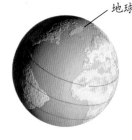

地球磁场的北极

5. 当水位到达圆盘时，圆盘就会漂浮并转动起来。针的一头会指向北方，就像指南针的磁针一样。你要在这一头作标记。

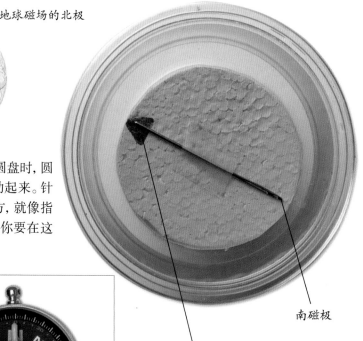

南磁极

当针被磁化后，它的一端成为了北磁极。而地球北极点的磁场则会吸引针的北磁极。

辨别方向

指南针的磁针是一个在中心点达到平衡的，又非常轻的磁体。当你来回转动指南针的时候，磁针红色的一端总是会摇摆着指向北方。若指南针表盘上的"N"与磁针重叠在了一起，那么它所指示的四个方向就是正确无误的。

80 制作电磁体

你可以利用电能来制造一个强大的磁体。与普通的磁体不同，电磁体并不具备自主的磁场，你可以通过开关来开启或关闭它的磁力。

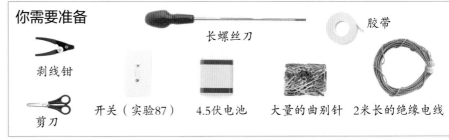

你需要准备

长螺丝刀　　胶带
剥线钳
开关（实验87）　4.5伏电池　大量的曲别针　2米长的绝缘电线
剪刀

1. 剪下一长段电线，去掉两头的绝缘皮，然后用胶带将这段电线与螺丝刀的把手缠在一起，注意把手一侧预留的电线应该是很短的。

2. 将另一侧较长的那些电线缠绕在螺丝刀上，最后一圈用胶带固定。

3. 将长电线、电池、开关及另外一条短电线像图中这样互相连接起来。

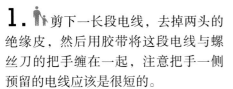

曲别针的内部是钢丝，所以它会被电磁体所吸引。

缠绕了60线圈的电磁体

把短的电线连接在电池的另一极上。

40线圈的电磁体

20线圈的电磁体

4. 现在，螺丝刀变成了一个电磁体。按下开关，螺丝刀就会吸起那些曲别针! 关闭开关，这些曲别针就会掉落下来。

金属搬运机

这辆吊车配备了强有力的电磁体来搬运一块块钢铁碎片。当开启磁力时，碎片会吸附在电磁体上并由吊车进行搬运。当电流被截断后，碎片就会掉落下来。

缠绕着的线圈在电流通过的时候会产生磁场。线圈越多，磁力越强。

81 制作蜂鸣器

蜂鸣器会利用磁力来发出响亮的嗡嗡声，而发声的秘密就是其中的电磁体（第93页）。蜂鸣器上的按钮就像是开关一样，当它被按下时，电流就会到达蜂鸣器中的电磁体内，带动蜂鸣器运转，发出声音。

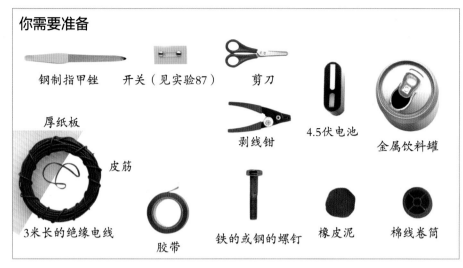

你需要准备

钢制指甲锉　　开关（见实验87）　　剪刀

厚纸板

皮筋　　剥线钳　　4.5伏电池　　金属饮料罐

3米长的绝缘电线　　胶带　　铁的或钢的螺钉　　橡皮泥　　棉线卷筒

1. 去掉电线两端的外皮，围着螺钉缠绕200圈，再用橡皮泥将螺钉固定在纸板上。

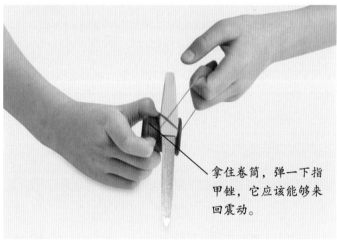

拿住卷筒，弹一下指甲锉，它应该能够来回震动。

2. 用皮筋将指甲锉的把手与棉线卷筒牢牢地固定在一起。

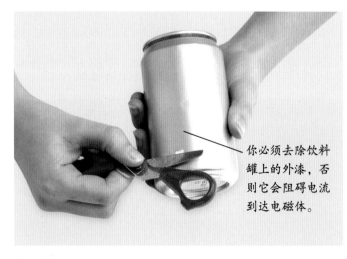

你必须去除饮料罐上的外漆，否则它会阻碍电流到达电磁体。

3. 用剪刀前后对称地刮掉饮料罐底部的一些外漆。

4. 将电线的一头接在指甲锉的金属锉刀根部，然后像后图那样把卷筒固定在纸板上。

要把电线接在饮料罐外漆被去掉的位置上。

5. 剪下两条电线，去掉两端的外皮。用它们把电池的一极与饮料罐、电池的另一极与开关互相连接起来。

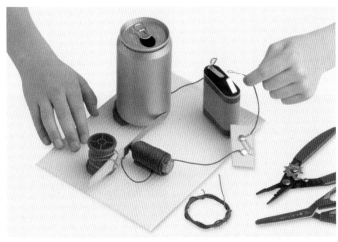

6. 将饮料罐固定在纸板上，要把指甲锉的尖部贴在另一处外漆被刮掉的位置上。

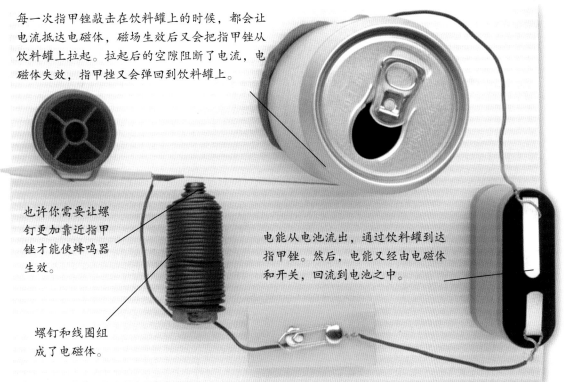

每一次指甲锉敲击在饮料罐上的时候，都会让电流抵达电磁体，磁场生效后又会把指甲锉从饮料罐上拉起。拉起后的空隙阻断了电流，电磁体失效，指甲锉又会弹回到饮料罐上。

也许你需要让螺钉更加靠近指甲锉才能使蜂鸣器生效。

螺钉和线圈组成了电磁体。

电能从电池流出，通过饮料罐到达指甲锉。然后，电能又经由电磁体和开关，回流到电池之中。

7. 按下开关，响亮的嗡嗡声就从饮料罐上发了出来！指甲锉会迅速地来回震动，一次又一次地敲击在饮料罐上。当你松掉开关后，指甲锉就停了下来，而嗡嗡声也同样地消失了。

依赖磁力的机器

现代电话机的工作原理同蜂鸣器相似。听筒中装有一个小型的电磁体，当电流通过时，磁力会使一个金属条发生震动，而正是这种震动产生了呼叫一方的声音。

电力

电力可以使各种各样的机器运转，它能够产生强大的能量，驱动世界上最快速的列车。当然，电力也能给很小的机器提供能量，比如音乐播放器和计算器。你在家中所使用的大部分机器，像是电视机和吸尘器，它们所使用的都是"流电"。流电来自于电池或者是家中墙壁上的插座。除此之外，还有另一种被称为"静电"的电力则可以由你自己来产生。

接通电能

你可以通过把吹风机这样的电气设备接入到墙面上的插座来获得电能。电力会沿着电线从发电厂一直流动到插座之中。

水的能量

我们的家中使用的电能是由发电厂所生产出来的。图中是一座"水力"发电厂，它利用水流通过大坝时所产生的能量来发电。

电动车

碰碰车会从顶部的电线那里接通电流，这样电能才可以驱动碰碰车中的电机来转动车轮。

电的吸引力

如果你在T恤或外套上摩擦一个气球的话，这个气球的表面就会出现静电。静电能够让气球附着在其他的物体之上——墙面上、天花板上，甚至你的身上！

82 弯曲水流

当你在摩擦一些物体的时候，它们会获得电能。这些电能会停留在物体之上，所以被称为"静电"，也就是静止不动的电。静电有一种能够吸引其他物体的奇妙能量，这种能量甚至可以对水流产生影响！

你需要准备

气球　　　　　　　　　　充气筒

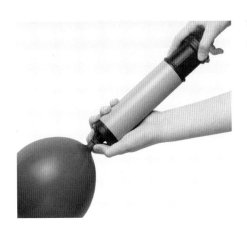

要在羊毛制品上摩擦气球，比如这件毛衣。

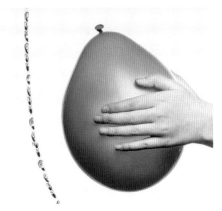

1. 将气球充好气，然后把气球的吹气口拉长并打上一个结，以防漏气。

2. 在衣服上摩擦气球制造静电。

3. 拿住气球靠近下落的水流，这条水流会朝向气球弯曲过来！

83 制作螺旋桨

静电能够吸引物体，也能够排斥物体。如果有两支笔被你摩擦过，那它们就会互相排斥，因为它们同时具备了静电。

你需要准备

棉线　　　　　两支塑料笔　　　　　丝巾

3. 吊着的笔被静电推动得旋转起来，就像螺旋桨一样！

1. 在一支笔的中间位置上绑好棉线，然后试着调整棉线的位置直到找准平衡点。

2. 用丝巾去摩擦每一支笔的末端，拿起棉线吊起被绑住的笔，再拿起另一支笔，让带有静电的两端相对。

84 静电起舞

你可以利用摩擦气球所产生的静电，来让纸人上上下下地蹦跳。因为静电既可以吸引物体也可以排斥物体，这也正是纸人能够跳动的原因。

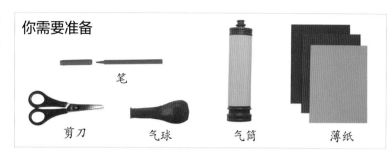

你需要准备

笔

剪刀　　气球　　气筒　　薄纸

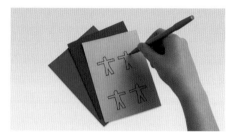

1. 在纸上画出一些小人。

2. 小心地把小人剪下来。当然，这些纸人你想做多少就做多少。

3. 把所有纸人都放在桌面上。

4. 用气筒把气球吹得大大的，然后打结封住气球的吹气口，以免漏气。

5. 把气球在毛衣上摩擦。

电力场

先梳梳头发，然后再看看你的梳子是如何把小纸片吸附起来的。有一种看不见的电力场会出现在获得了静电的物体周围。梳子的电力场接触到了小纸片并吸引它们粘了上来。同样的原理，梳子也可以让你的头发竖立起来。

一开始，气球上的静电会吸引纸人。

当纸人卡在气球上之后，静电就会开始排斥它们。

6. 将气球拿到纸人上方10厘米左右的地方，你会发现纸人开始上下跳动起来！

纸人不断地被气球吸引上去又排斥下来，看起来就像是在上下跳动。

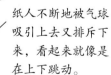

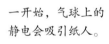

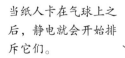

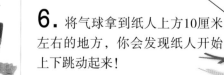

85 挥舞魔杖

借用电的力量，让你摇身一变成为一位魔术师。魔杖一挥，你就能让唱片上的小银珠们跳起舞来！事实上，这并不是魔法，而是静电在作怪。

你需要准备

削尖的铅笔

大的玻璃碗或 装饰蛋糕用的银珠
塑料碗

黑胶唱片

干净又干燥的手帕

1. 用手帕快速地摩擦唱片，产生静电。

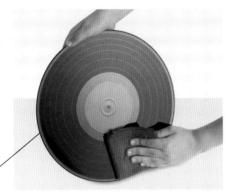

最好用一张大家都不喜欢的旧唱片来进行实验。

2. 直接把唱片放置在大玻璃碗上，准备好银珠。

避雷针

高耸的建筑物一般都配备有避雷针。通常的情况下，避雷针是一根竖立在建筑顶部并连接到地面的尖头金属棒。它能够削弱云中的静电，阻止闪电击中建筑物。如果闪电还是击中了建筑物的话，避雷针则会把电能安全地引导到地面上。

导体

3. 在唱片的表面上撒下一些银珠，它们会在滚动的过程中突然地停止下来。

唱片的某些部位带有更多的静电，吸引住了银珠。

银珠会滚向其他那些带有更多静电的部位。

4. 拿起铅笔指向唱片，当笔尖靠近小银珠的时候，它们会跳开并舞蹈起来！

笔尖会削弱所在位置的静电。

86 制作静电探测器

摩擦一个物体会使其带有静电，就像是梳子或气球被摩擦后一样。那么我们应该如何去探明一个物体是否带有静电呢？又该如何去除一个物体上的静电呢？

你需要准备

长钉子　　剪刀　　塑料笔

锡纸

圆形的卡片　棉线　　塑料梳子　　胶带　　玻璃罐

1. 请一位成年人将钉子的三分之二插进圆形卡片的中央。

2. 剪下一段棉线，然后以棉线正中间为点系在靠近钉子尖部的位置上。

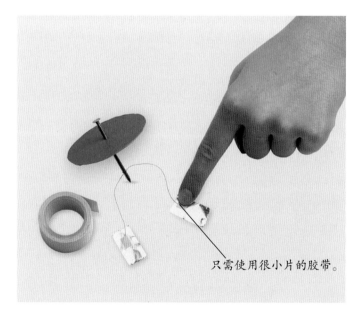

只需使用很小片的胶带。

3. 剪下两片锡纸，再用胶带将它们分别粘在棉线的两端。

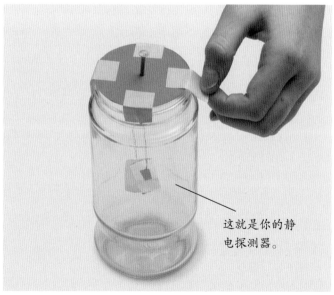

这就是你的静电探测器。

4. 用卡片盖住罐口，锡纸片要吊在罐内，然后用胶带固定。

头发必须干燥。

5. 用梳子快速地梳几下头发。

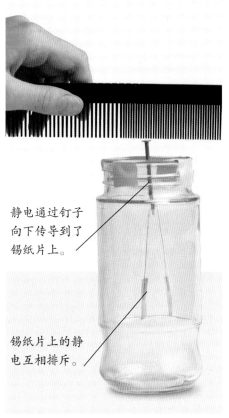

静电通过钉子向下传导到了锡纸片上。

锡纸片上的静电互相排斥。

6. 用梳子划过钉头，下面的两片锡纸就会互相分开。这说明梳子带有静电，并传导到了锡纸片上。

静电离开了锡纸片，流入你的手中。

7. 用手触碰一下钉子，锡纸片立即就会失去排斥力并自然下垂。

塑料笔无法导电，所以锡纸片上依然带有静电。

8. 再次给探测器充电，然后拿起塑料笔来触碰钉子，但这一次锡纸片却没有发生任何变化。

头发竖立

当你在脱下套头衫的时候，也许会听到"噼噼啪啪"的声音，甚至会看到一些小火花冒了出来。这些火花是由于静电在衣服和头部之间不断地进行跳跃所产生的。

87 构建电路

电流是非常活跃的。当一个电池被正确地连接起来时，电流就会从它的一极流出，沿着所谓的"电路"再回流到另一极中。

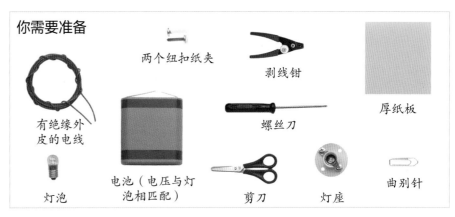

你需要准备

两个纽扣纸夹

剥线钳

厚纸板

有绝缘外皮的电线

螺丝刀

电池（电压与灯泡相匹配）

剪刀

灯座

曲别针

灯泡

1. 剪下两条电线，小心地去掉电线两端的外皮，然后将裸露出来的电线拧成一圈。

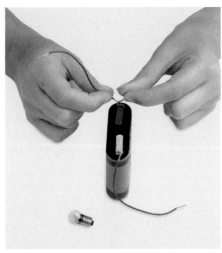

2. 将两条电线裸露的末端分别连接在电池的两个电极上。

3. 把一条电线连接到灯泡的底部，另一条连接在灯泡的侧面。这样的连接组成了一个电路，灯泡就亮了起来。

4. 把灯泡装进灯座，然后再把电线连接在灯座上，就如图中所示。这时灯泡又会亮起。

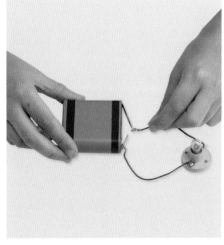

5. 将电池的一个电极与相连接的电线分开，截断电路。此时灯泡会熄灭，因为电流无法隔空传输。

6. 按照步骤1的方式剪出第三条电线。

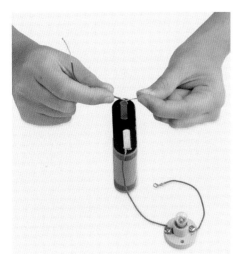

7. 将第三条电线接在电池空出来的电极上。

8. 👫 剪出一张3厘米×5厘米大小的纸板作为开关的底座。

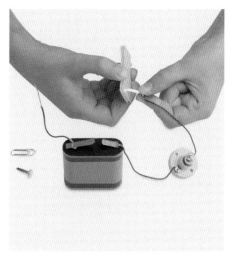

9. 拿住连接在灯座上的另外一条电线，将它的末端围着纸夹缠绕，然后再把纸夹插进纸板之中。

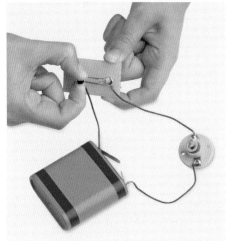

10. 拿起连接在电池上的电线，重复步骤9的内容，不过这次要加上一个曲别针。

按下开关，闭合电路，电流会从电池的一极流出，途经开关与灯泡，最后又回流到另一极中。

电流会从与电极相连接的电线上流出流入。

11. 把曲别针按下，压在另一个纸夹上。此时开关被打开，灯泡又一次亮了起来。

印刷电路

像电视机和电脑这样的机器都包含有许多的电子零件。电流会在这些机器内的电路板上沿着印出来的线路流动。这些电路板代替了电线的作用，将电流传导到了机器的各个零件中。

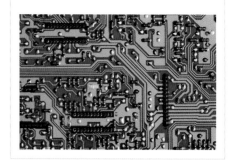

88 电流探测器

并不是所有的材料都会让电流通过。比如电线带有的塑料外皮，这种绝缘体就能够阻止电线在触碰到其他物体时将电流传导过去。让我们制作一个虫子模样的探测器，来验证哪些物品会导电而哪些不会吧。

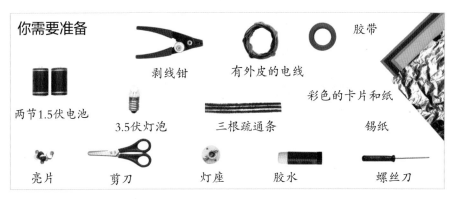

你需要准备

胶带
剥线钳
有外皮的电线
两节1.5伏电池
3.5伏灯泡
三根疏通条
彩色的卡片和纸
锡纸
亮片
剪刀
灯座
胶水
螺丝刀

1. 将两节电池首尾相接，连接处垫上一块锡纸，然后用胶带把两节电池缠绕着固定在一起。

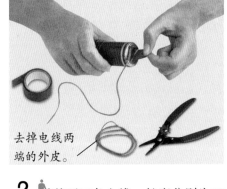

去掉电线两端的外皮。

2. 剪下三条电线，长度分别为25厘米、12厘米和8厘米，然后将25厘米的那条电线连接到电池组的底部电极上。

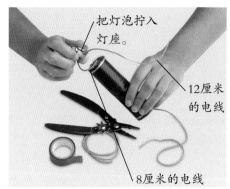

把灯泡拧入灯座。

12厘米的电线

8厘米的电线

3. 用8厘米长的电线将电池组的另一极与灯座相连接，然后再将12厘米长的电线连接在灯座的另一头。

4. 用胶带把灯座与电池组固定在一起，然后再用纸把电池组与电线包裹起来，做成一只虫子的样子。

5. 使用虫子触角上的锡纸球去触碰各种不同的材料。如果一种材料能够导电，那么灯泡就会亮起来。

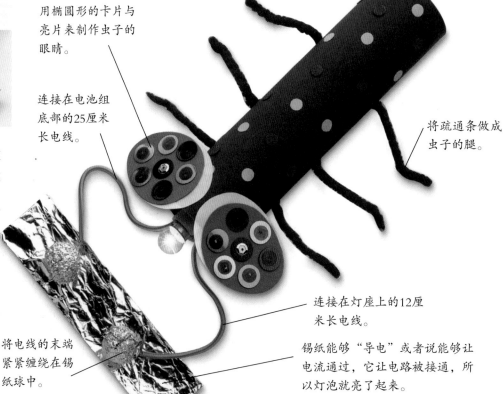

用椭圆形的卡片与亮片来制作虫子的眼睛。

连接在电池组底部的25厘米长电线。

将疏通条做成虫子的腿。

连接在灯座上的12厘米长电线。

将电线的末端紧紧缠绕在锡纸球中。

锡纸能够"导电"或者说能够让电流通过，它让电路被接通，所以灯泡就亮了起来。

89 制造电池

电池的内部包含着能够产生电能的化学物质。你可以利用盐、锡纸和硬币来制造出一个简易的电池，因为这些物品所能提供的，正是发电所需要的化学材料。

你需要准备

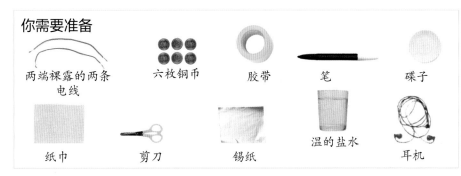

两端裸露的两条电线　　六枚铜币　　胶带　　笔　　碟子

纸巾　　剪刀　　锡纸　　温的盐水　　耳机

1. 👫 分别在锡纸和纸巾上画出并剪下六个铜币大小的圆。

2. 用胶带将一条电线粘在铜币上，另一条电线粘在一片圆形的锡纸上。

3. 将一片圆纸浸入在温的盐水中。

4. 把与电线相连接的圆锡纸放进碟子中，将湿的圆纸和铜币依次落在锡纸上面。

5. 将剩余的锡纸、湿纸与铜币依次落上，要注意那枚与电线相连接的铜币要落在最上面，而这就是你制作出来的电池了。

电池的内部

这些是长效电池内部的材料。电能会从电池的上下两极流出。

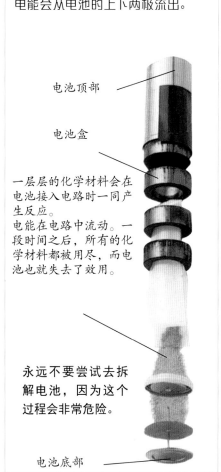

电池顶部

电池盒

一层层的化学材料会在电池接入电路时一同产生反应。
电能在电路中流动。一段时间之后，所有的化学材料都被用尽，而电池也就失去了效用。

6. 将一条电线连接在耳机插头的根部。

电流到达了耳机，产生了声音。

7. 戴上耳机，然后用另一条电线刮擦耳机插头的尖部，你会发现从耳机中传来了噼噼啪啪的声音！

当你将锡、盐和铜放在一起的时候，它们就会产生电能。

永远不要尝试去拆解电池，因为这个过程会非常危险。

电池底部

90 制作旋转木马

现在的很多机器都是由电动机来驱动的。在这个小实验中，你可以用一个小型电动马达来运转一辆旋转木马。电能可以使电动马达的传动轴转动并让旋转木马运行起来。

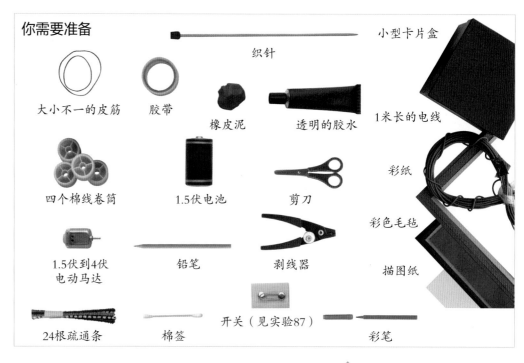

你需要准备

大小不一的皮筋　　胶带　　橡皮泥　　透明的胶水

织针　　小型卡片盒

四个棉线卷筒　　1.5伏电池　　剪刀

1米长的电线　　彩纸

1.5伏到4伏电动马达　　铅笔　　剥线器

彩色毛毡　　描图纸

24根疏通条　　棉签　　开关（见实验87）　　彩笔

鹰的图样

燕子的图样

1. 剪下三条电线，去掉两端的绝缘外皮。再剪下一段空心的棉签棒套在马达的传动轴上。

2. 如图中所示，将马达、电池和开关用三条电线连接起来。然后用胶水将马达粘在盒子的内侧。

3. 用织针将一个长纸条卷起，然后在保持卷起的状态下从织针上拿掉纸条并插入棉线卷筒中间的洞里。

4. 将步骤3的卷筒粘在盒子的底部，然后用橡皮泥将另外三个卷筒像图中这样固定在织针上。

5. 展开大皮筋，竖着扎在盒子上。然后将小皮筋围着扎在织针最下面的卷筒上。

6. 制作出要安装在旋转木马上的六个鸟形框架。用疏通条做出鸟的头部、身子和翅膀。

7. 👤 在毛毡布上描出六只鸟形的图样，剪下它们，然后再用胶带将它们粘在鸟形的框架上。

8. 用疏通条和胶带将这六只小鸟固定在靠近织针顶部的两个卷筒上，然后再将织针插进盒子底部的卷筒中。

9. 拉起卷筒上的小皮筋，将其套在马达传动轴外面的棉签棒上。

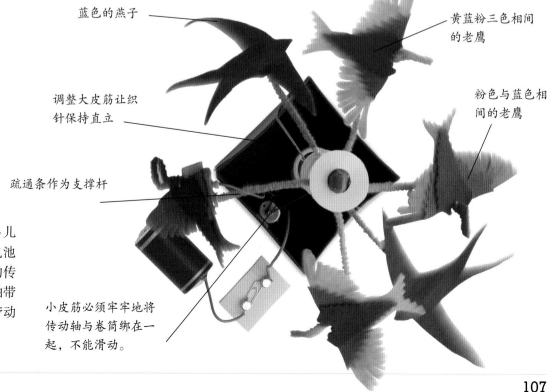

蓝色的燕子

黄蓝粉三色相间的老鹰

调整大皮筋让织针保持直立

粉色与蓝色相间的老鹰

疏通条作为支撑杆

10. 按下开关，鸟儿就开始旋转了起来！电池中的电能驱动了马达的传动轴开始旋转，传动轴带动了皮筋，而皮筋又带动了织针一起旋转。

小皮筋必须牢牢地将传动轴与卷筒绑在一起，不能滑动。

运动与机械

你身处的是一个运动中的世界。人及动物在行走、奔跑、游泳或是飞行，风在刮动，河在流淌，而那些为人们工作的机器也同样在运动着。机器与所有正在运动的物体一样，都是通过推力或是拉力的作用而运动起来的。这种力量可以来自一台强有力的引擎或者是驱动器——甚至是人的肌肉。

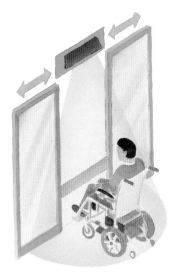

便利的通行

自动门会自行工作。它能够发射出探测运动物体的隐形射线，所以门能够在人们靠近的时候自动打开。

杰出的工作者

机器人是一种非常高级的机械，它们能够出色地完成极其复杂的工作任务。

迅速地思考

计算器是一种能够帮助你进行计算的机器，它的运行速度飞快。

滑动起来

这两个女孩正在互相发力来推开对方，这使得她们双双向后滑去。

手持的机器

开瓶器是一种机械，它能够将软木塞从酒瓶中取出，这是徒手难以实现的。

91 制作手推车

机械能够赋予你更多的力量！制作一辆手推车并用它来搬动一堆沉重的石头。手推车是一个"杠杆"，就是能够增强你力量的一种机械。

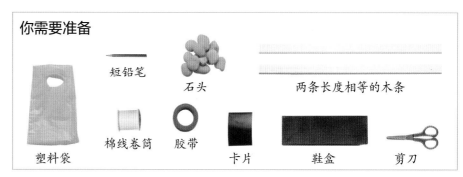

你需要准备

短铅笔　石头　两条长度相等的木条

塑料袋　棉线卷筒　胶带　卡片　鞋盒　剪刀

1. 把石头放进塑料袋中并拎起它们，这需要你用很多的力气才能做到。

2. 👪 修剪卡片使其与鞋盒同宽，然后将卡片放入盒中并用胶带固定。要使盒子的内部分隔出前后两个区域。

3. 用胶带将两个长木条牢牢地固定在盒子底部。

4. 将铅笔插进并穿过卷筒，然后把铅笔的前后两端粘在木条上。

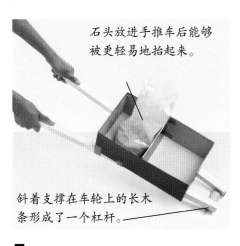

石头放进手推车后能够被更轻易地抬起来。

斜着支撑在车轮上的长木条形成了一个杠杆。

5. 把这袋石头放进手推车上靠后的隔间里，然后试着把袋子抬起来。

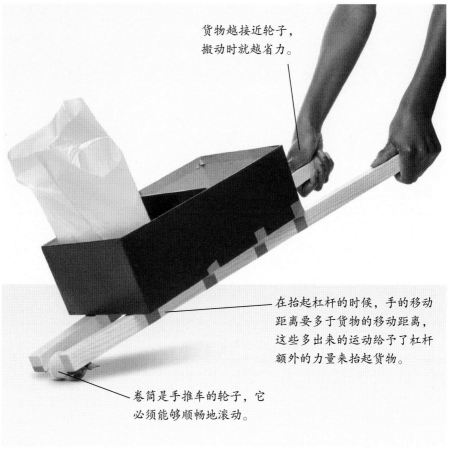

货物越接近轮子，搬动时就越省力。

在抬起杠杆的时候，手的移动距离要多于货物的移动距离，这些多出来的运动给予了杠杆额外的力量来抬起货物。

卷筒是手推车的轮子，它必须能够顺畅地滚动。

6. 把石头袋放进手推车靠前的隔间里，这一次更是非常轻松地就把袋子抬了起来。

92 喷气前进

客机在世界各地高速地飞行，它们的大型喷气式发动机能够产生强力的气流，推动它们在空中航行。我们可以用一只快速飞跃房间的气球来展示出喷气式发动机的工作原理。

你需要准备

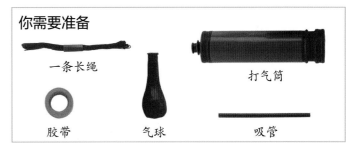

一条长绳

打气筒

胶带　　　气球　　　吸管

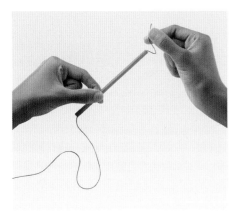

1. 把绳子穿过吸管，而吸管必须能够活动自如。

要将绳子绷紧

2. 拉开绳子使其横跨房间，固定好绳子，然后将两条胶带粘在吸管上。

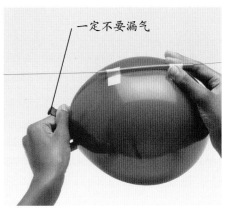

一定不要漏气

3. 吹起气球，捏住进气口，再把气球与吸管粘在一起。

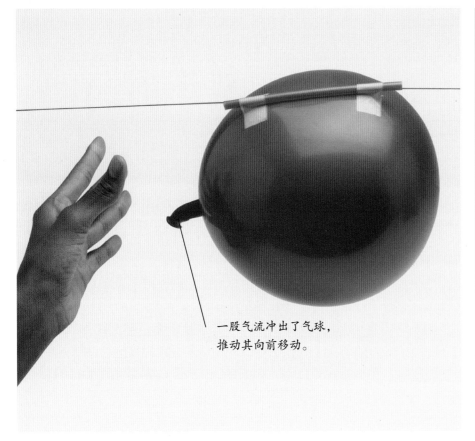

一股气流冲出了气球，推动其向前移动。

飞速的车子

喷气式引擎驱动了世界上速度最快的汽车，它的速度足以媲美高速的飞行器。喷气式引擎会在前方吸入空气，紧接着空气会被燃烧的燃料加热，最后炙热的空气会从后侧被喷射出去。这个过程能够驱动汽车以极快的速度向前推进。

4. 松手放开气球，气球就会飞速地沿着绳子掠过！

93 制造涡轮机

涡轮机是一种利用流动的液体或气体进行驱动的引擎。你可以使用吸管来模仿一个涡轮，并把你从肺中吹出来的空气作为它的动力。

你需要准备

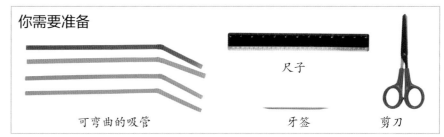

尺子

可弯曲的吸管　　　　牙签　　剪刀

1. 🚹 以吸管的折弯处为起点，用尺子朝着较长的一端标记出4厘米长的位置并剪下。之后要将两个剪好的吸管互相插在一起。

吸管放置在牙签上。

把这里的吸管弯曲到水平的程度。

你吹进吸管的空气发动了"涡轮机"！

2. 在第三根吸管较短的一端放入一根牙签，然后再把组合在一起的另外两根吸管插在牙签上。水平地拿起这个小装置并向长吸管内吹气。

94 摩擦力实验

光滑的表面会比粗糙的表面更容易滑动，就像是冰面与糙面的区别。这是因为粗糙的表面比光滑的表面能够制造出更大的摩擦力，而摩擦力则会减慢物体的移动速度。

你需要准备

螺丝刀　　图钉　　木块　　两个长木条

　　　　　　笔

铰链与螺丝　　　　　扇形卡片　　测试面，如毛毡、砂纸和卡片

量角器　尺子

1. 🚹 将两个木条用铰链连接在一起。一个平放后，另一个可以调整倾斜的角度。

2. 用量角器和尺子在卡片上画出一个大的角度尺，然后用图钉把这个角度尺固定在木条的底部，最后再把测试面放置在木条上。

3. 把木块放在测试面上，抬起木条倾斜测试面，直到木块开始滑动。

你可以利用油或水来减小摩擦力。

角度决定了测试面产生的摩擦力大小。

95 环绕运动

物体若要进行环绕运动则需要借助一种特殊的力量，那就是所谓的"向心"力。让我们来观察这种力量是如何让物体的运动保持环绕，而不会失控飞出的。

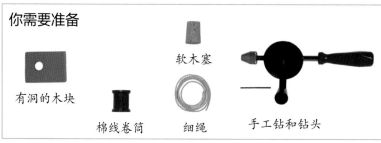

你需要准备

软木塞

有洞的木块

棉线卷筒　　细绳　　手工钻和钻头

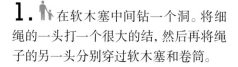

软木塞在试着向外飞离。

木块的重量把软木塞拉了回来，而这种拉力就是向心力。

1. 在软木塞中间钻一个洞。将细绳的一头打一个很大的结，然后再将绳子的另一头分别穿过软木塞和卷筒。

2. 将穿过来的细绳的末端系在木块上。要确保卷筒可以在绳子上自由活动，也要确保绳子上打出的结能够防止软木塞掉落出去。

3. 握住并晃动卷筒，让软木塞进行旋转。当软木塞环绕着卷筒运动时，木块会被拉高。

96 连接齿轮

齿轮组是一些互相连接并能够传导运动的轮子。大小不同的齿轮会以不同的速度进行传动，这也使得机器能够通过变换齿轮来改变运行的速度。试着自己来制作一些齿轮吧。

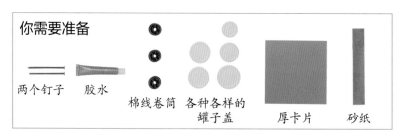

你需要准备

两个钉子　　胶水　　棉线卷筒　　各种各样的罐子盖　　厚卡片　　砂纸

1. 将砂纸条围着粘在盖子的边缘，然后再把卷筒像图中这样地粘在盖子上，做成齿轮。

2. 把钉子穿过卡片做成齿轮的中轴。

3. 在钉子上放置不同尺寸的齿轮，让它们可以互相接触，然后将另一个卷筒作为把手来转动它们。

97 建造一台自动运转的机械

为了机械能够良好地工作，通常需要由人来进行操作，但是也有一些机械不必由人来参与控制。这个实验要建造的自动机械能够将大的弹珠与小的弹珠进行自动分类，不需要你来帮忙！

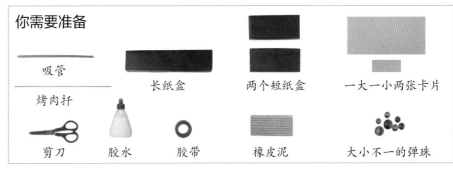

你需要准备

吸管
烤肉扦
剪刀　　胶水　　胶带　　橡皮泥
长纸盒　　两个短纸盒　　一大一小两张卡片
大小不一的弹珠

1. 按图中所示的位置，在一大一小的盒子上剪出几个开口，然后把短纸盒粘在长纸盒的上面。

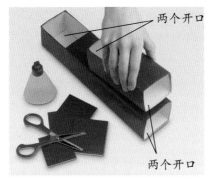

两个开口

两个开口

2. 将小卡片竖着从中间对折，形成一个斜槽，然后用橡皮泥将其固定在另一个短纸盒的上面。

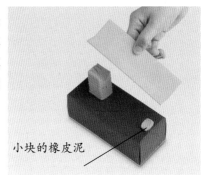

小块的橡皮泥

3. 在大卡片的两边折叠出两条凹槽，然后用胶带将吸管固定在卡片下方正中间的位置，再把扦子插进吸管之中。

折痕

4. 用橡皮泥将两个小弹珠固定在大卡片一侧的凹槽中，然后把扦子架在两块橡皮泥之间，此时卡片较重的一侧会贴在桌面之上。

5. 把盒子、卡片和斜槽像图中这样地排列成一线，然后从斜槽上落下一个小弹珠。

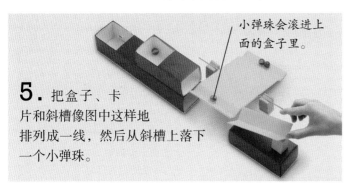

小弹珠会滚进上面的盒子里。

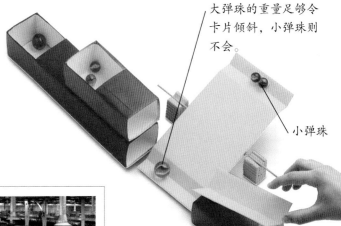

大弹珠的重量足够令卡片倾斜，小弹珠则不会。

小弹珠

邮件分装机

图中的信件和包裹正在通过自动分装机。这些机器可以探测标记在邮件上的邮政编码，并将信件与包裹分类到不同的隔间里，再运送到不同的城镇上。

6. 从斜槽上落下一个大弹珠，卡片降下，弹珠会滚进下面的盒子里。

98 制作风扇

用一台手动的电扇来保持凉爽吧！这台机械使用的是与齿轮作用相同的传动皮带。相比直接用手来转动风扇而言，皮带能够带动风扇更快速地转动。而生活中，很多机械都包含有相互协作且速度各异的传动皮带。

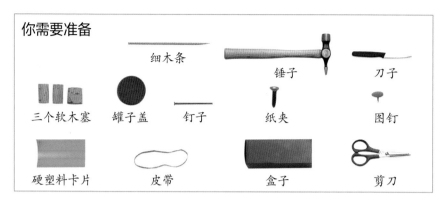

你需要准备

细木条　　锤子　　刀子

三个软木塞　　罐子盖　　钉子　　纸夹　　图钉

硬塑料卡片　　皮带　　盒子　　剪刀

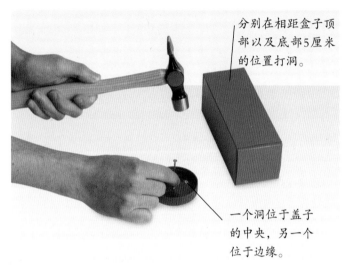

分别在相距盒子顶部以及底部5厘米的位置打洞。

一个洞位于盖子的中央，另一个位于边缘。

1. 请一位成年人在盒子的前后做出四个位置对称的洞，两个在前，两个在后。在盖子上也要打出两个洞来。

2. 用图钉将一个软木塞固定在盖子上，将其作为风扇的摇把使用。

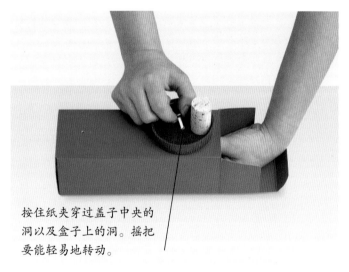

按住纸夹穿过盖子中央的洞以及盒子上的洞。摇把要能轻易地转动。

3. 用纸夹把摇把附在盒子上。

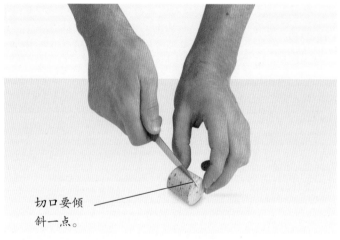

切口要倾斜一点。

4. 请一位成年人在另一个软木塞上切出四个距离均等的切口。现在已经有两个软木塞被使用。

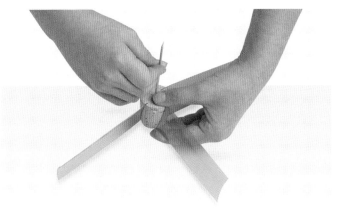

5. 👤 剪下四个塑料条，要保持与软木塞上的切口同宽。

6. 将四个塑料条插进切口中，然后再把木条插进软木塞的中央。

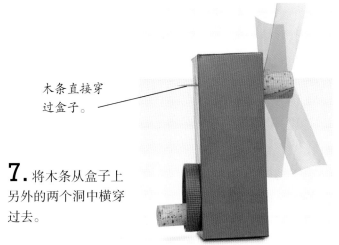

木条直接穿过盒子。

7. 将木条从盒子上另外的两个洞中横穿过去。

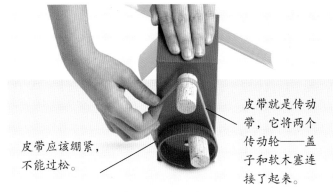

皮带应该绷紧，不能过松。

皮带就是传动带，它将两个传动轮——盖子和软木塞连接了起来。

8. 把第三个软木塞插在露出来的木条上，然后用皮带把这支软木塞和摇把环绕在一起。现在，你的风扇就准备完毕了。

适速骑行

　　自行车的链条就是一个传动带，它带动后轮上的齿轮，让后轮的转动速度能够比踏板的转动速度更快。当你在变换挡位的时候，链条会在后轮的轮盘组上更换相连接的齿轮。这些齿轮的尺寸会影响骑行的速度，齿轮越小骑行得越快。

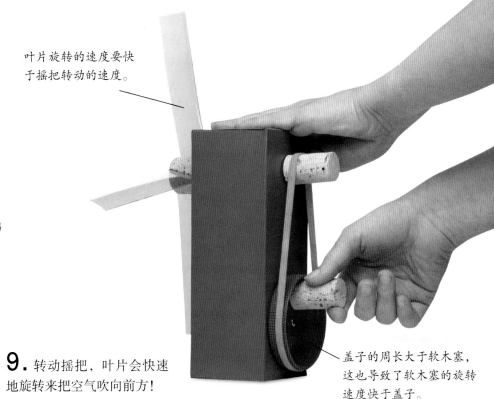

叶片旋转的速度要快于摇把转动的速度。

9. 转动摇把，叶片会快速地旋转来把空气吹向前方！

盖子的周长大于软木塞，这也导致了软木塞的旋转速度快于盖子。

99 建造水轮机

很多机械都配备有一台为其提供动力的发动机或是引擎，而水轮机则是历史上第一种此类的驱动器。水轮机会利用水流流动或下落的力量来驱动其他机械。直到今天，这种科学又有效的工具还在被人们使用着。

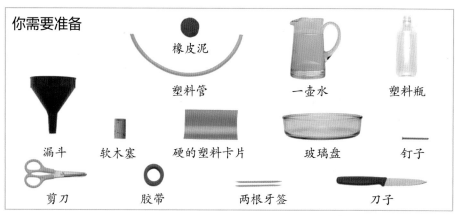

你需要准备

橡皮泥

塑料管　　一壶水　　塑料瓶

漏斗　　软木塞　　硬的塑料卡片　　玻璃盘　　钉子

剪刀　　胶带　　两根牙签　　刀子

1. 在软木塞的侧面用刀子距离均匀地切出四个开口。

2. 剪下四个塑料条，长度与软木塞相同。

叶片要组装得稳固。

3. 把塑料条插进软木塞的开口之中，做成水轮机的水轮。

4. 用钉子在塑料瓶的两侧对应着穿出两个小洞。

5. 将塑料瓶的底部平整地剪掉。

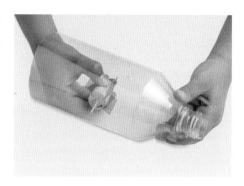

6. 将一根牙签插进软木塞的一头，然后再把这根牙签固定在塑料瓶内一侧的洞里。

7. 将第二根牙签从塑料瓶另一侧的洞中穿过并插进软木塞的另一头里。

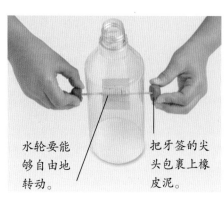

水轮要能够自由地转动。

把牙签的尖头包裹上橡皮泥。

8. 把漏斗插进塑料管的一头，然后用胶带将它们缠绕在一起。

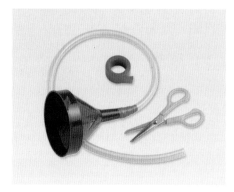

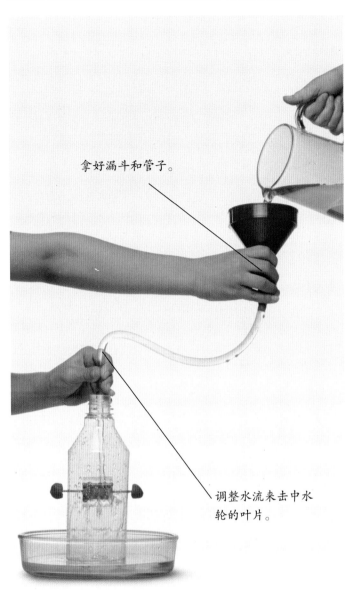

拿好漏斗和管子。

调整水流来击中水轮的叶片。

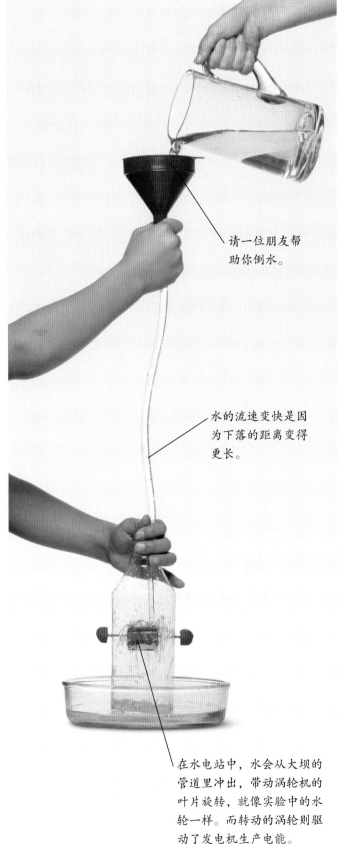

请一位朋友帮助你倒水。

水的流速变快是因为下落的距离变得更长。

在水电站中，水会从大坝的管道里冲出，带动涡轮机的叶片旋转，就像实验中的水轮一样。而转动的涡轮则驱动了发电机生产电能。

9. 拿起塑料瓶放进玻璃盘中，然后把管子的另一头接入瓶口。将水倒进漏斗，紧接着水轮就转了起来。

风能

　　右图中是风力涡轮机，它的工作原理与水轮机相同，只是将流动的水换成了流动的空气。风吹动涡轮机上的叶片，带动发电机生产电能。

10. 抬高漏斗，水流会加速，而水轮也会转动得更快。

100 用水举重

抬升一个重物——只需要少许的水就能够做到！水的这种功用被称为"液压"。那些强大的机械会使用液压来完成抬、推或压这样的动作，因为液压能够赋予这些动作极强大的力量。

你需要准备

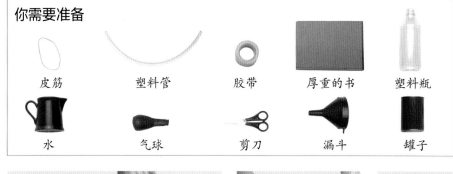

皮筋　塑料管　胶带　厚重的书　塑料瓶

水　气球　剪刀　漏斗　罐子

1. 把气球的进气口与塑料管的一头连接在一起，再用胶带缠绕起来进行密封。

2. 剪掉塑料瓶的顶部，然后在瓶身靠近底部的位置穿出一个洞。

3. 通过瓶身上的洞把气球挤进瓶中。

4. 用胶带把漏斗与塑料管的另一头牢牢地缠绕在一起，如图中所示。

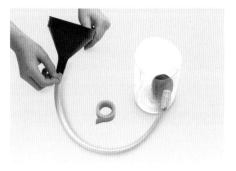

5. 把罐子放在瓶中的气球上面，再把书落在瓶子上。

大型挖掘机

图中这台强大的挖掘机使用液压来进行工作。液压泵通过管线将液体打入液压缸，而液体的巨大压力会将活塞从液压缸内推出，驱动挖斗铲土并搬运。

6. 举高漏斗，把水倒进其中。气球会缓慢地膨胀，并把瓶子上的书顶了起来！

要把漏斗抬高到书的上方。

膨胀的气球释放出了足够的压力将书向上推起。

塑料管内上方的水的重量将下方的水压进了气球当中。

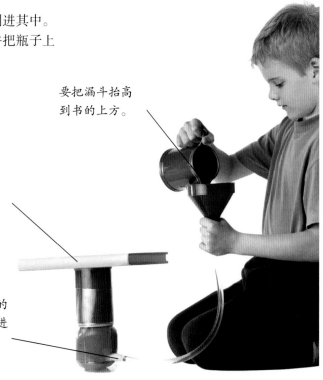

101 建造吊车

吊车可以将非常沉重的物品高高地吊起到空中。吊车使用一种被称为"滑轮"的装置来制造抬升力。在吊起重物的同时还有一个叫作"配重器"的装置来使吊车保持平衡，避免倾覆。

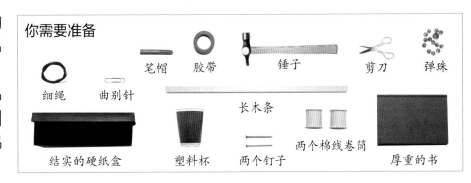

你需要准备

笔帽　胶带　锤子　剪刀　弹珠

细绳　曲别针

长木条

结实的硬纸盒　塑料杯　两个钉子　两个棉线卷筒　厚重的书

卷筒要能够灵活地转动。

1. 用钉子将两个卷筒固定在木条上，位置如图所示。

2. 在盒子的顶部开一个洞，然后把木条插进洞中并倾斜成一定的角度。

木条要被牢牢地固定住，不能晃动。

3. 剪下一小段细绳，然后用胶带将其粘在塑料杯上，做成一个把手。

4. 把笔帽插进靠下的卷筒中，然后用胶带把细绳的一头固定在卷筒壁上。

笔帽就是你的摇把。

5. 将细绳搭过靠上的卷筒，拿住绳子的末端并绷紧，转动靠下的卷筒来把绳子缠绕在上面。

6. 把曲别针弯成一个钩子，然后把它系在细绳的末端。

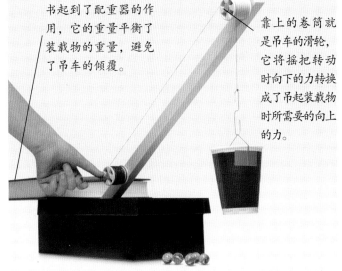

书起到了配重器的作用，它的重量平衡了装载物的重量，避免了吊车的倾覆。

靠上的卷筒就是吊车的滑轮，它将摇把转动时向下的力转换成了吊起装载物时所需要的向上的力。

7. 用书压住盒子，将杯子装满弹珠钩在吊车上。转动摇把，吊起装载的弹珠。

致谢

Acknowledgements

Dorling Kindersley would like to thank:
Andrea Needham, Nicola Webb, and Tracey White for design assistance. Andy Crawford, Jane Burton, Michael Dunning, Pete Gardner, Frank Greenaway, Colin Keates, Dave King, Ray Moller, Stephen Oliver, Gary Ombler, Tim Ridley, Clive Streeter, and Kim Taylor for the commissioned photography. Models Kirsty Burns and Paul Cannings.